AF363465

TRAITÉ
DE L'ÉDUCATION

DES

ANIMAUX DOMESTIQUES.

DE L'IMPRIMERIE D'A. EGRON,
rue des Noyers, n° 57.

TRAITÉ
DE L'ÉDUCATION
DES
ANIMAUX DOMESTIQUES,

DANS LEQUEL

ON INDIQUE LES MOYENS LES PLUS SIMPLES ET LES PLUS SURS DE LES MULTIPLIER, DE LES ENTRETENIR EN SANTÉ, ET D'EN TIRER LE PLUS D'AVANTAGES POSSIBLES.

Par Arsenne THIÉBAUT DE BERNEAUD.

Omnis pecuniæ pecus fundamentum,
Varro, *de Re rustica* II. 2.

TOME PREMIER.

PARIS,

CHEZ AUDOT, LIBRAIRE,

RUE DES MAÇONS—SORBONNE, N°. 11.

1820.

AVANT-PROPOS.

Dᴇ l'éducation des Animaux domestiques dépend leur prospérité. Leur multiplication constitue la véritable richesse des Etats; ils sont la base première d'une bonne, d'une solide agriculture ; leur vigueur et leur beauté sont l'indice de l'intelligence et de l'activité du propriétaire. Plus on entretient de têtes de bétail, plus on est en état de cultiver de terrain; il y a, en effet, une telle réciprocité entre les Animaux domestiques et les champs, que plus les uns rapportent, plus on a de moyens de faire produire les autres. Si l'on néglige l'un de ces deux grands objets de l'économie rurale, on doit s'attendre que les succès de l'autre diminueront dans la même proportion.

L'éducation bien entendue des Ani

maux domestiques, assure les avantages
suivans :

Amélioration des races ;

Abondance constante de toutes choses ;

Multiplication des débouchés ;

Prospérité de la ferme.

La France est le pays le plus avantageusement situé pour élever les espèces d'animaux les plus utiles aux besoins de l'agriculture. Sa position au centre de l'Europe, l'étendue de son territoire, son ciel heureux, la fertilité de son sol, les rivières, les montagnes, les plaines et les forêts qui la coupent en tous sens, lui donnent diverses températures, sans présenter nulle part des excès bien marqués de chaleur et de froid. Elle trouve non-seulement dans son sein la quantité de bestiaux nécessaire à sa consommation, mais elle peut encore en multiplier indéfiniment le nombre, pour offrir au com-

merce une plus grande abondance d'individus, plus de cuirs, de peaux, de suif,
de laine, etc.

Les conquêtes que la France a faites
en ce genre, pendant la période orageuse
de la révolution, lui ont ouvert de nouvelles sources de prospérité : des améliorations sensibles ont eu lieu : on a acquis des connaissances plus exactes sur
la manière de conduire et de profiter des
Animaux domestiques ; des changemens
de la plus haute importance se sont opé-
rés dans toutes les branches de l'économie rurale. A la suite de ce mouvement,
l'agriculture s'est élevée au rang qu'elle
doit avoir chez un peuple libre, ami des
arts, actif, industrieux et religieusement
attaché au sol sacré de la patrie.

Dans un moment où l'attention se
porte plus particulièrement sur l'agriculture, il nous a paru que ce serait être

utile aux habitans de la campagne, que de les entretenir des animaux associés à l'exploitation de la ferme. Nous préférerons, aux brillantes hypothèses de la théorie, les faits puisés dans une pratique éclairée, dans les résultats d'expériences positives et suivies avec soin. Le meilleur argument, c'est le bénéfice. Si des idées spéculatives plaisent à la curiosité, l'homme des champs ne connaît d'agriculture solide et vraie, que l'agriculture lucrative. Nous chercherons à nous mettre à la portée de toutes les classes de propriétaires : assez et trop long-temps les voies de l'instruction leur ont été fermées. Aux préceptes des agronomes les plus justement estimés, nous espérons ajouter quelques notions nouvelles, qu'un heureux concours de circonstances nous a mis à même de recueillir. Notre but est d'offrir, dans un petit nombre de pages, un résumé général de tout ce qu'il importe de bien savoir sur les Animaux domestiques, pour en perfectionner les races, en multiplier sans frais les individus, les gouverner convenablement dans toutes les circonstances, et en obtenir la plus grande somme possible de bénéfices.

On entend par Animaux domestiques, les bêtes que l'homme emploie pour cultiver la terre, transporter les denrées, l'aider dans ses différens travaux, ainsi que celles qui fournissent à notre nourriture, à nos vêtemens et aux autres besoins de la société. Il y en a de trois sortes, les quadrupèdes, les volatiles et les insectes.

Les premiers, proprement dits *Animaux de la ferme*, et désignés sous le nom particulier de *Bestiaux*, sont le cheval, l'âne, le mulet, le bœuf, la vache, le buffle, le

porc, le mouton, la brebis, la chèvre,
le lapin, le chien et le chat. On y pourrait comprendre aussi le dromadaire et
le chameau; mais, quoique plusieurs
grands propriétaires en possèdent déjà,
l'usage n'en est pas encore assez général,
pour que nous croyons devoir en faire
mention

Les volatiles affectés au domaine spé-
cial de la basse-cour, sont le coq et la
poule, le dindon, l'oie, le canard et
les pigeons de colombier ou de volière.
On entretient aussi dans la basse-cour
le paon, le cygne, le faisan, la grive,
la pintade, l'ortolan, etc.: mais c'est
plutôt comme objet d'agrément et de
luxe, que d'économie : nous ne nous en
occuperons pas.

Les insectes forment une classe à part.
Les seuls qu'on élève dans la ferme sont
les abeilles et les vers à soie ; nous y

joindrons la cochenille sylvestre, qui
mérite une attention toute particulière.
Ces trois insectes fournissent à une
branche de commerce de la plus haute
importance, et assurent de grandes ressources à l'économie domestique.

Quoique l'histoire de ces divers animaux et de leurs variétés les plus constantes, semble nécessaire pour compléter
l'article que nous devons consacrer à chacun d'eux, cependant, comme c'est uniquement dans leurs rapports avec l'économie rurale, que nous avons à les
considérer, nous nous limiterons aux
faits, aux observations qui doivent le
plus intéresser les cultivateurs et les propriétaires : elles seront relatives à la conformation et aux habitudes de chaque
espèce, à leur éducation et aux profits
que l'on peut en tirer.

Notre travail se divise naturellement

en quatre parties. La première renfer-
mera des considérations générales, ap-
plicables à toutes les espèces d'Animaux
domestiques. Dans la seconde partie,
nous traiterons des animaux de la
ferme en particulier; dans la troisième,
nous nous occuperons de la basse-cour;
enfin, dans la quatrième, nous traiterons
des abeilles, des vers à soie et de la cochenille sylvestre. Dans chacune de ces différentes parties, nous ferons connaître ce
qui concerne le choix des individus, les
services qu'ils nous rendent journellement, les soins qu'il est de notre devoir
et de notre intérêt de leur donner dans
l'état de santé et lorsqu'ils sont malades.

Une table raisonnée des matières ter-
minera tout l'ouvrage.

TRAITÉ

TRAITÉ
DE L'ÉDUCATION
DES
ANIMAUX DOMESTIQUES.

PREMIÈRE PARTIE.

CHAPITRE PREMIER.

Considérations générales.

L'AGRICULTURE est le lien le plus fort pour réunir les hommes en société et pour les y conserver sans troubles ni guerres ; elle leur apprend à s'aimer et à s'entr'aider ; elle est étroitement unie à tous les intérêts et à tous les besoins de la vie ; elle est la richesse la plus certaine et la plus honorable, la source première de la prospérité des États, et la base sur laquelle repose le bonheur des citoyens. C'est elle qui favorise le développement de la population, et qui forme pour la patrie des hommes robustes, sobres, courageux, amis de la paix, dont le bras fait la force des ar-

I.

mées, assure l'indépendance nationale, et offre la garantie la plus solide des institutions politiques. C'est encore elle qui crée et entretient les manufactures, anime le commerce, lui donne du nerf et de l'extension, vivifie les différentes branches de l'industrie, et déploie ses nombreuses ressources. Tous les arts sont ses tributaires, et sans elle le luxe, qui la méprise, n'existerait pas; il n'aurait point ces tissus délicats, ces meubles recherchés, ces édifices somptueux qui constituent ses premiers élémens. L'agriculture est donc, comme le disait XÉNOPHON (1), la plus noble pensée de l'homme libre, la plus importante occupation du père de famille, le véritable secret de la grandeur des nations. Des plaisirs inexprimables sont attachés à la pratique de cet art, le premier, le plus simple, le plus utile de tous comme travail, et l'un des plus compliqués comme science; il offre au corps un exercice salutaire, et à l'esprit des délassemens agréables, des problèmes à résoudre, des recherches à faire qui mènent à des observations curieuses. La vie active du laboureur s'allie à tous les devoirs sociaux. La régularité dans la

____

(1) *Econom.*, VI.

succession de ses travaux champêtres , l'ordre invariable des récoltes , la distribution bien entendue des soins que lui demandent les terres et les êtres auxiliaires qu'il s'est associés, répandent sur son existence une quiétude étrangère aux cités, cette heureuse émulation, cette activité bienfaisante , cet amour constant du travail , qui convertissent en fertiles guérets , les terrains les plus arides , et des lieux inhabités et les plus malsains, en font le séjour de l'abondance et de la santé. En un mot, tous ses travaux tendent au bien général, et cette pensée seule concourt à son bonheur. La famille qu'il fait vivre , les indigens qu'il occupe, l'augmentent encore, et les productions qu'il multiplie, le complettent en fixant l'abondance autour de lui.

Tout s'enchaîne dans l'économie rurale : si, d'une part , le cultivateur doit compter sur la fertilité de la terre , d'un autre côté, outre le travail de ses bras, il faut qu'il lui fournisse des engrais, sans lesquels elle s'épuiserait promptement. Or, ce sont les animaux domestiques qui donnent les meilleurs engrais, et l'abondance des fourrages assure la multiplication, la prospérité des animaux domestiques.

Livré à sa force individuelle, l'homme n'eût jamais exercé sur la nature cette puissante influence dont l'imagination a lieu de s'étonner; mais dès qu'il eut soumis les animaux au joug, et qu'il les eut formés aux occupations rurales; dès qu'il les eut rendus tributaires de ses besoins, de ses goûts, de sa frivolité, de son luxe, il osa tout; il s'éleva au-dessus de lui-même, et se plaça véritablement à la tête de la création.

Auxiliaires utiles du labourage, les animaux domestiques sont le mobile d'une agriculture brillante, d'une agriculture solide; ils contribuent puissamment, par leurs services et leurs produits en tous genres, aux richesses publiques et privées. Plus ils sont nombreux, plus leurs races sont belles, plus le revenu du propriétaire augmente, plus l'aisance du fermier est certaine, plus le commerce en reçoit d'énergie, et le gouvernement des terres d'extension et de perfection. En un mot, comme le disait un célèbre agronome romain, le bonheur de la ferme et la prospérité durable de l'État, sont étroitement liés au nombre, à la beauté des bestiaux: *omnis pecuniæ pecus fundamentum* (1).

____

(1) VARRO, *de Re rustica*, lib. II, cap. 2.

L'intérêt bien entendu du propriétaire rural est donc de veiller à la conservation, à l'amélioration, à la multiplication des fidèles compagnons de ses travaux. Il ne suffit pas de leur donner une nourriture saine, toujours suffisante et bien réglée, il faut encore agir de manière à leur épargner des souffrances. Ils ne sont point insensibles aux bons traitemens; ils aiment qu'on les visite: de là ce proverbe : *L'œil du maître engraisse le bétail.* On remarque effectivement une grande différence entre les animaux soignés, je dirai amicalement, et ceux qui sont abandonnés à la solitude ou maltraités. Les premiers semblent s'honorer de la part que l'homme leur accorde dans ses travaux; les seconds, au contraire, sont avec lui dans un état de guerre perpétuelle : s'ils cèdent, c'est à la violence; mais dès qu'ils retrouvent leurs forces, leur énergie première, ils sont plus dangereux encore. La contrainte irrite l'animal le plus doux; l'aiguillon, le fouet, les coups d'éperons l'avilissent, le rendent rétif, mutin et méchant.

Chez les nations véritablement libres et chez les peuples nomades de l'Orient, il faut le dire, les animaux sont beaucoup moins à plaindre que là où les hommes asservis et méprisés croient se venger des vexations qu'ils endurent chaque jour, à chaque instant, en aggravant le poids déjà si lourd de l'esclavage, par les tourmens qu'ils infligent aux animaux condamnés à vivre avec eux. Mais on est encore loin de leur accorder les égards qui sont dus à leurs services. Si l'intérêt qu'il a de conserver ses bestiaux, ne porte pas l'homme à les traiter avec douceur, à user de patience, que du moins l'intelligence supérieure qui le distingue éminemment, que la raison dont il se targue sans cesse, lui fasse un devoir d'être moins violent, moins cruel, et l'oblige d'adoucir enfin l'empire tyrannique qu'il exerce sur ces êtres infortunés, qui ont tout perdu en entrant en société avec lui.

Il est, en effet, reconnu que l'état de servitude absolue où nous avons réduit les animaux, la malpropreté à laquelle on les abandonne presque généralement dans toutes les contrées européennes, ainsi que la brutalité et une coupable insouciance, sont les causes de ces races appauvries et bâtardes, que l'on trouve dans nos campagnes. Nous pourrions y ajouter l'insalubrité du logement, l'excès du travail ou de la fatigue, et la mauvaise nourriture.

En France, surtout depuis plusieurs années, des propriétaires instruits ont porté des améliorations sensibles dans le gouvernement des animaux domestiques; mais il est impossible de se dissimuler que la masse est malheureusement trop fidèle aux traditions des temps barbares. Il reste donc encore beaucoup à faire. C'est aux hommes qui pensent, qu'il appartient de combattre l'erreur, de propager les lumières, d'assurer le succès des bonnes méthodes: c'est à eux qu'est réservé l'honneur de forcer le routinier à se vaincre lui-même; de persuader, par les leçons de l'exemple, d'entraîner le concours de toutes les volontés vers le but si noble, si louable, si éminemment national, qui tend à relever notre industrie. Il faut partout briser les chaînes honteuses dont le despotisme, les préjugés et l'aristocratie féodale avaient char- gés les bras du cultivateur; il faut nous af- franchir pour jamais du joug non moins humiliant que l'étranger cherche à nous im- poser, en caressant nos goûts dépravés pour tout ce qu'il nous présente; il faut enfin montrer sur tous les points, que la France peut se suffire à elle-même ; qu'elle n'a réellement plus besoin de ces secours précaires en chevaux, en bœufs, en moutons, que la politique va trop souvent mendier à nos voisins.

CHAPITRE II.

Du choix.

Semblables aux pièces de monnaie qui, depuis long-temps en circulation, n'acquièrent le poli dont elles brillent, qu'aux dépens de l'empreinte destinée à en indiquer la valeur, les plus sages institutions humaines, après un certain nombre d'années, sont souvent, quoique perfectionnées en apparence, tellement altérées et dégénérées, qu'étrangères à elles-mêmes, et diamétralement opposées aux vues du législateur, elles offrent à peine une trace de leur caractère primitif. Il en est de même des meilleurs préceptes agricoles; ils se dénaturent et se transforment, en passant d'une génération à l'autre, en une routine d'autant plus vicieuse, qu'elle flatte la paresse, et ôte la faculté de pouvoir mieux faire.

Les habitans de la campagne savent que

l'agriculture a besoin du concours des animaux domestiques; qu'ils sont pour le propriétaire une source féconde de richesse. Tous veulent avoir de belles bêtes, et cependant tous négligent de s'assurer des qualités que l'on doit y trouver pour l'objet que l'on a en vue, et le but qu'on se propose. Cette impardonnable insouciance règne dans plusieurs départemens, surtout dans ceux d'outre-Loire. Les maquignons profitent d'une si fatale disposition, pour rendre plus profonde encore la misère des cultivateurs, pour éloigner tout espoir d'amélioration prochaine.

Dans le choix des animaux, on doit s'attacher uniquement aux qualités qui garantissent la force, l'énergie, la beauté, le courage, et le développement complet de tous les organes. Les Celtes, chez qui les bestiaux étaient l'objet de la plus touchante administration, les voulaient de haute taille et d'une belle race (1), tandis que chez les peuples de la Germanie, pour qui le choix était indifférent, et les soins une charge pénible, les animaux étaient médiocres, laids, mal con-

---

(1) VARRO, *de Re rustica*, II, 4.

L*

formés (1). La même attention doit porter sur l'un comme sur l'autre sexe ; car c'est une erreur grave, quoique accréditée chez les Anciens (2), de croire que le choix du mâle soit moins important que celui de la femelle. Je ne crains point de le répéter, tout dépend d'un bon choix. En agriculture, comme en morale, la moindre faute, d'abord presque indifférente en soi, amène bientôt des con-séquences fâcheuses, auxquelles il est ensuite très-difficile de porter remède. La plus funeste de toutes, est la répugnance invincible pour ce qui offre l'empreinte de l'innovation, tout ce qui s'élève contre la force de l'habitude.

Les laboureurs nous comprennent ; ils se montreront aussi scrupuleux dans le choix des animaux, que l'amateur de fleurs qui met tant de soins à recueillir ses semences sur des individus bien sains, francs dans leur espèce, dont la forme des fruits, des feuilles, de la tige, des racines, plus encore que la couleur, lui assurent de superbes sujets. Un animal bien conformé n'exige pas plus de soins, ne

______

(1) CÆSAR, de Bello gallico, IV, 2 ; TACITUS, de Morib. Germ. V.

(2) VIRGILIUS, Georgic., III, 52.

coûte pas plus à nourrir que l'animal chétif et de nulle valeur, qui, presque partout, déshonore encore aujourd'hui les meilleurs pâturages.

Considérés sous le rapport des nombreux avantages qu'on en retire, les animaux domestiques sont de trois sortes ; 1° ceux qui sont propres à l'exploitation de la ferme; 2° ceux qui sont spécialement utiles pour l'engrais des terres; 3° ceux enfin qui servent à la nourriture et autres usages particuliers de l'homme. Le choix à faire dans les individus, doit être réglé d'après ces destinations différentes. Ceux uniquement consacrés à la propagation de l'espèce, doivent avoir atteint le développement complet de leurs organes ; trop jeunes, un usage précipité les réduirait bientôt à un état déplorable ; vieux, ils perdent plus qu'ils ne réparent. La masse, le poids et l'a-plomb du corps, la largeur de ses bases, l'épaisseur des reins, la force de la charpente osseuse, sont des caractères essentiels dans tous les animaux de bât et de somme. Il faut moins de masse et plus de légèreté, dans ceux destinés aux montures. Pour le tirage pénible, l'animal doit avoir un large poitrail, un devant bien

relevé, une grande force musculaire, des
jarrets nets, amples, bien évidés, bien conformés, et un corps convenablement proportionné dans toutes ses parties. Pour le trait,
ordinaire et léger, il faut plus de dispositions
à l'agilité. La course exige beaucoup de souplesse et de liberté dans tous les membres, un
devant bas, une poitrine large, un corps
plus allongé que raccourci, la faculté de
soutenir long-temps un élan rapide, ou,
comme disent les Anglais, un bon vent.
L'ampleur, le poids, le volume, l'aptitude
à engraisser très-vite, la petitesse des os, la
quantité et la qualité de la chair, sont les
objets qu'il faut avoir en vue dans les espèces
ou races des animaux destinés à servir de
nourriture aux hommes.

Les préceptes que nous donnons ici pour
le meilleur choix des animaux, selon l'emploi
que l'on veut en faire, sont puisés dans
l'expérience et dans les lois de la physiologie,
dont on ne s'écarte jamais sans danger; nous
estimons ces préceptes d'autant plus impor-
tans, qu'on est, en général, peu d'accord
sur les formes extérieures. Presque partout
elles sont jugées d'après des idées qui tiennent
plus au goût et à l'habitude, qu'à un raison-

nement bien mûri. L'on voit, en effet, dans des cantons, préférer des animaux courts et ramassés, à ceux qui ont un corsage long, une taille bien développée; dans d'autres, on s'arrête à la couleur de la robe, et on attache du prix à sa teinte plus ou moins foncée, quoique loin d'être un caractère essentiel de beauté et de bonté, la couleur soit de tous les signes le plus trompeur.

CHAPITRE III.

De l'habitation.

QUOIQUE les organes extérieurs des animaux aient subi de très-grands changemens par le seul effet de la domesticité; quoique la diversité des climats sous lesquels l'homme les force de vivre ait produit, d'un autre côté, des altérations non moins remarquables, cependant, en leur assurant une habitation appropriée à leur nature, on peut se flatter de conserver long-temps les races dans un degré suffisant de pureté. La conformation même des animaux indique quelle doit être cette habitation. Ainsi, ceux qui sont destinés à prendre de l'ampleur, veulent être placés dans les pays bas et humides, sans cependant être marécageux, où les herbes sont grosses et dures; ceux dont la constitution est faible, lâche, très-susceptible d'infiltration, aiment les terrains très-secs et élevés. Les uns recherchent les prairies marécageuses, le voisinage des étangs qui leur offrent les plantes nécessaires à leur nourriture; d'autres, les coteaux, les rochers les plus escarpés; un très-grand nombre prospère mieux dans les localités qui tiennent le milieu entre un sol très-sec, où l'air a trop de ressort, et les terrains frais, où l'aliment végétal est plus aqueux.

Placés hors de leur sphère propre, les animaux dégénèrent promptement. On pourrait en citer mille exemples. Vers le pôle, le chien n'a plus les qualités morales qui nous le rendent si cher; sous l'équateur il perd sa voix, son aboiement s'y change en un murmure sourd et désagréable. La chèvre, arrachée aux montagnes, ne tarde pas à dépérir, quoique les plaines, par les ressources qu'elles offrent, soient du goût de presque toutes les autres espèces. Le cheval, transporté dans les pays d'un froid humide et tempéré, a beaucoup d'étoffe, mais peu d'élégance; dans les contrées basses et marécageuses, il perd tout-à-fait sa noblesse, son port majestueux; sur les bords du Weser, près de Brême, ses pieds sont très-mal faits; plus on avance dans l'Ostfrise, plus ses formes deviennent grossières.

De même que la conformation de l'animal indique le lieu propre à son habitation, la topographie de ce lieu fait connaître les animaux qui peuvent y habiter. Cette réciprocité de convenances ne manque jamais. Les vallées de la zône tempérée, à raison de leur douce fraîcheur et des végétaux succulens qu'elles nourrissent, doivent convenir au gros bétail; et effectivement, on l'y voit atteindre le plus haut degré de force et de beauté. Les pays situés entre les vingt et quarantièmes parallèles, par les plaines calcaires qu'ils renferment, et les beaux pâturages qui les ornent, conviennent plus particulièrement aux ânes et aux mulets; ils y deviennent grands, superbes, vifs et disposés à la docilité.

D'après ces données, tout propriétaire jaloux de voir prospérer les animaux dont il a fait choix, aura soin de placer ses bœufs, vaches et porcs, dans les lieux bas et humides; les bêtes à laine, à qui l'humidité fait contracter la maladie appelée *pourriture*, que l'on sait être le plus haut degré de la cachexie aqueuse, il les tiendra dans des terrains secs et élevés; il réservera le voisinage des prairies marécageuses, des étangs et des cours d'eau, aux buffles, aux canards et aux oies. Il enverra ses chèvres sur les montagnes, sur les rochers les plus escarpés, où elles trouvent ce qu'il leur faut; les feuilles d'arbrisseaux qui ne pourraient suffire à la vache, l'herbe courte et chargée de rosée, qu'elles y mangent avec tant de plaisir, serait très-dangereuse pour le mouton. Il offrira à nos premiers oiseaux de basse-cour, les coteaux, où l'air est vif, léger, toujours pur, où ils découvrent à nu le gravier qui leur sert à lester ordinairement leur estomac; les vallons et autres régions intermédiaires, seront le domaine de ses chevaux, de ses ânes et mulets, des chiens, du chat, des lapins, des abeilles et des vers à soie. Les pâturages des montagnes ou des bocages, qui paraissent destinés par la nature elle-même à l'enfance des animaux, seront, par cette raison-là même, préférés par le propriétaire qui voudra faire de bons élèves. Il leur causerait un grand préjudice, s'il les tenait dans des cantons où les

sources seraient rares, où il n'y aurait point
d'ombrages pour les garantir des ardeurs du
soleil, des intempéries, et de la guerre continuelle que leur font les insectes.

Après avoir déterminé le lieu le plus propre à chacune des espèces d'animaux, nous
avons à nous occuper du gîte que l'on doit leur
fournir.

Dans les pays où l'on a la facilité de se
procurer, à peu de frais, des engrais abondans, on tient toute l'année les bestiaux aux
pâturages. Leurs logemens n'y sont que des
abris temporaires, des hangards sous lesquels
ils se retirent la nuit, se réfugient pendant
les brusques alternatives de la température,
et où ils passent les froides journées de l'hiver.
Ces constructions exigent peu de soins : il
suffit que l'auge et le râtelier aient assez
d'étendue pour que l'animal puisse manger
à son aise le fourrage sec, et prendre les bu-
vées qu'on lui distribue durant la morte
saison. Il faut compter un mètre par tête de
bétail.

Il n'en est pas de même des pays où le
besoin d'engrais commande de renfermer les
animaux toutes les nuits, et même une bonne
partie de la journée. On est forcé d'y avoir des

logemens fixes, bâtis près de l'habitation du maître, afin que d'un seul coup-d'œil il puisse voir tout ce qui se passe chez lui.

Trois choses principales sont à considérer à l'égard de ces logemens; 1° les matériaux qui doivent servir à la construction, et dont il importe de faire un bon choix: 2° l'exposition qui, par son influence, exerce, comme on sait, une très-grande puissance sur la vie et la santé des animaux; 3° enfin, la distribution ou l'art de disposer toutes les parties de l'édifice, de la manière la plus avantageuse à l'objet qu'on se propose.

Il n'entre point dans notre plan de nous étendre davantage à ce sujet; d'ailleurs, il existe sur les constructions rurales de fort bons livres, que nous essayerons peut-être un jour de mettre à la portée de tout le monde (1). Nous indiquerons seulement ici quelques moyens de rendre les habitations actuelles

______

(1) Les principaux de ces ouvrages sont, 1° le *Mémoire sur les constructions rurales*, de GARNIER DESCHÊNES; 2° un autre Mémoire, celui *sur l'art de les perfectionner*, par DE PERTHUIS; tous les deux sont insérés dans les tomes I et VII des Actes de la Société d'agriculture de la Seine; 3° le *Traité des constructions rurales*, *publié par le bureau d'agriculture de Londres,*

moins funestes aux animaux. Presque partout ils sont entassés les uns sur les autres , dans des réduits étroits, humides, où l'air ne se renouvelle jamais, et où la lumière pénètre à peine. L'atmosphère pesante et malsaine qu'on y respire, est augmentée au-dehors par la présence des fumiers , par les miasmes délétères qu'exhalent les eaux croupissantes le long des murs , et au-dedans, par la malpropreté , le gaz acide carbonique qui s'élève des litières pourries laissées sous les animaux, par le voisinage des loges à cochons , des garennes domestiques , et des poulailliers, dont les odeurs fortes et putrides sont encore augmentées par les émanations rebutantes du bouc, que, par ignorance, on place au centre des étables , dans la persuasion où l'on est , qu'il attire tout ce que l'air a d'impur et de vicié.

Rien n'est plus nécessaire à la santé des

____

et traduit de l'anglais par M. De Lasteyrie , avec des notes et des additions, 1 vol. *in-8°* de texte , et un *in-4°* de planches , Paris , 1802 ; 4° enfin, l'ouvrage imprimé en 1808, par M. Menjot d'Elbenne , sous le titre de : *Moyen de perfectionner les toits, et de les rendre plus commodes, plus économiques,* etc. , 1 vol. *in-8"* , avec planches.

animaux, que des logemens hauts, secs, bien
aérés, construits de manière à préserver du
froid excessif en hiver, de la grande chaleur
en été, et des intempéries particulières aux
équinoxes (1). Il faut que l'animal y jouisse
d'un espace suffisant pour se mouvoir en
toute liberté, se coucher et se relever sans
incommoder son voisin : on peut évaluer cet
espace à un mètre et demi par cheval ou par
paire de bœufs. Il y a sur chacun de ces logemens plusieurs choses importantes à observer.

Les meilleures étables simples, sont celles
qui ont quatre mètres et demi ; elles ont huit
mètres si elles sont doubles. L'économie se
trouve dans ces dernières ; les autres ont en
partage une distribution plus heureuse, en ce
qu'on peut plus aisément y faire venir la
lumière sur la croupe des animaux. Mais ce
qui doit surtout caractériser une étable régulièrement construite, c'est que le sol y soit
plus élevé que celui de la cour, garni de dalles,
bien pavé ou battu en glaise, et tenu en pente

----

(1) Les étables voûtées offrent le double avantage
d'être plus chaudes en hiver, et plus fraîches en été :
l'on y trouve aussi moins de poussière, et par conséquent beaucoup moins d'insectes.

douce, pour faciliter l'écoulement des déjections, dans des égoûts ménagés à cet effet.
Les bergeries les plus saines sont placées dans
un lieu très-sec, près d'une cour spacieuse,
et ouvertes de manière à ce que l'air circule
librement dans l'intérieur. Les toits-à-porcs
doivent avoir des cloisons à jour, et communiquer à une petite cour, où les cochons
changent d'atmosphère et vont se vider. Les
poulailliers seront mis à l'abri de l'humidité,
du grand froid, ainsi que des belettes, des pu-
tois et autres bêtes dévastatrices. Les colom-
biers auront leurs croisées tournées à l'exposition la moins humide. Les clapiers, ou garennes domestiques, veulent être dans un
lieu sec, exposés au levant ou au midi, très-
propres, entourés de murs et couverts d'un
toit qui les garantisse des injures de l'air et
des attaques des fouines, des chats et des renards, qui sont des ennemis dangereux pour
les lapins. Les rûches qui rapportent le plus,
sont celles que l'on tient en plein air, isolées
de toute habitation, à l'abri des grands vents
du nord et de l'ouest, et munies d'un chapeau
ou *surtout*, qui les préserve de la trop grande
chaleur, et empêche la neige et la pluie d'y
séjourner. Enfin, le local le plus convenable

au ver à soie, doit être bien aéré, très-propre,
loin de tout marécage, et préservé de la ré-
verbération du soleil.

Les propriétaires trouveraient de l'avantage
à réunir tous ces différens logemens dans une
seule et même enceinte. Outre qu'ils pourraient multiplier les secours en cas d'incendie,
ils auraient encore la facilité, non moins
importante, d'avoir des jours de toutes parts,
de donner entrée au vent du nord, qui est le
plus salutaire de tous, e de profiter en hiver
de l'exposition du midi.

Le luxe doit être scrupuleusement banni
de toutes les constructions rurales; ne recher-
chez que l'essentiel, faites en sorte qu'il soit
uni à la commodité du service; bornez-vous
à maintenir les choses en bon état; c'est tout
ce qu'il faut en agriculture. L'argent employé
à des bâtisses superflues, est un capital qui,
loin de porter intérêt, entraîne à des frais
considérables, à un entretien annuel très-
onéreux. Si, après avoir fait le strict nécessaire, l'on a encore des fonds disponibles, il
faut les répandre sur la terre ou dans les
étables; ils ne sauraient être plus utilement
placés.

Il n'est pas toujours en notre pouvoir de

changer les établissemens ruraux que nous avons reçus de nos pères ; mais lorsqu'une fortune bornée vient à cet égard gêner notre volonté, nous devons au moins les améliorer, autant que notre position et les localités le permettent.

L'exposition au nord est la seule bonne ; la plus fâcheuse de toutes, est celle de l'ouest. On peut diminuer les inconvéniens de cette dernière, en ménageant partout de nombreux courans d'air, et obvier au peu d'influence qu'exercent sur l'atmosphère intérieure, les ouvertures pratiquées dans le haut des logemens. On établit en conséquence des barbacanes dans les intervalles des fenêtres. Ces ouvertures longues et étroites descendent jusqu'au niveau du pavé. On les garnit d'un canevas monté sur un châssis en bois, pour intercepter passage aux insectes. Elles renouvellent sans cesse l'air inférieur, qui préjudicie plus particulièrement aux moutons, aux chèvres, aux porcs, etc., et plus encore à leurs petits. Il ne faut pas craindre de les multiplier ; les étables ne sauraient être trop ouvertes ; quelque rigoureuse que soit la saison, l'air froid fait beaucoup moins de mal au bétail, que l'air qu'on laisse croupir.

L'humidité et la chaleur sont les deux grands véhicules de la corruption de l'air ; elles hâtent la décomposition des litières et la putréfaction de toutes les substances. Leur union étant l'état de température le plus favorable au développement des maladies, et de tant de myriades d'insectes, on aura soin, dans les bas fonds, de rehausser le sol intérieur, d'ouvrir de larges fossés, afin que les eaux infiltrées dans les terres, se rassemblent dans ces conduits, pour être de là portées au loin, au moyen d'une pente suffisante qu'il faut se procurer à tout prix. On fera recrépir tous les murs, qu'on passera de suite à la chaux-vive, et on les lavera de temps à autre avec un lait de chaux, ainsi que les planchers, les râteliers et les mangeoires. Cette surface unie et blanche, qui écarte la vermine et détruit les miasmes, doit être préférée aux fumigations dont on use ordinairement pour désinfecter.

Une autre amélioration indispensable, c'est d'éloigner le grenier à fourrage, que l'on place toujours immédiatement au-dessus des étables. Le foin exhale une grande quantité de gaz acide carbonique, chargé d'une odeur herbacée très-prononcée, qui développe et accroît le méphitisme. De plus, la poussière qui, du grenier, tombe sur les animaux, leur nuit essentiellement, et les bestiaux, à leur tour, par les vapeurs qui s'élèvent à chaque instant de leurs corps, nuisent aux fourrages, en leur imprimant une saveur désagréable et malfaisante.

CHAPITRE IV.

Du Régime.

En sacrifiant à l'ordre social une portion de sa liberté, l'homme a trouvé dans les lois une garantie assurée contre les abus du pouvoir. La position des animaux soumis au joug de la domesticité est très-différente; rien ne les garantit de l'injustice, des excès de rigueur, de la cruauté des traitemens auxquels ils sont exposés, surtout dans les pays qui se vantent le plus de civilisation. Que pourraient-ils, en effet, contre l'avilissement et la dégradation où on les plonge, quand leurs qualités individuelles, quand les avantages que l'agriculture en retire, quand les services qu'ils rendent à la ville et à la campagne,

I. 2

et les ressources importantes qu'ils offrent aux arts et à l'économie, ne suffisent pas pour amener des maîtres cupides, inhumains et barbares, à leur donner une nourriture chétive?

Tant que la conduite des propriétés rurales a été abandonnée à des esclaves, tout s'est fait d'une manière contraire à la raison, comme on devait l'attendre de gens qui n'avaient rien à espérer; mais aujourd'hui, que l'agriculture a fait de si grands progrès, et que les sciences d'où elle tire des règles et des principes, ont appelé les esprits à d'utiles applications; aujourd'hui que le sceptre honteux de la féodalité s'est brisé pour toujours, et que l'habitant de la campagne jouit de cette noble indépendance qui convient à des hommes, dont l'âme n'est point flétrie par la soif des richesses ou du pouvoir, par l'envie, par la haine ou par l'habitude des dérèglemens; tout homme sensé veut que la bienfaisance s'étende jusque sur les animaux; il veut que l'on exerce envers ces compagnons de nos rustiques travaux, la plus franche hospitalité; il veut les faire participer aux avantages que lui procure la perfection sociale.

C'est seulement lorsque les animaux sont

bien traités et convenablement nourris, que l'on peut en obtenir des avantages réels pour la ferme et pour les arts. Ces deux points forment la base du meilleur gouvernement des bestiaux. Si le cultivateur fait des fautes, c'est parce que son calcul n'est pas en rapport direct avec tout ce qui doit entrer dans le résultat. Les préceptes ni les exemples ne manquent point; il faut en rendre l'application plus usuelle, et vaincre le pouvoir de la routine : c'est l'objet que nous nous proposons principalement dans cet ouvrage. Nous traiterons en premier lieu des substances alimentaires.

Il n'est pas hors de propos, avant d'aborder ce sujet, d'examiner ici une erreur de la législation, relativement au nombre d'animaux qu'un cultivateur peut avoir chez lui. Les lois veulent que le nombre soit subordonné aux besoins comme aux ressources de l'exploitation. Une telle disposition est nuisible à l'agriculture et au commerce; elle porte atteinte aux droits des citoyens; elle est tyrannique à l'égard de cette classe qui, dans les campagnes, possède seulement, pour exister, l'industrie de ses bras, qu'elle loue aux cultivateurs. Le motif sur lequel le législateur s'est appuyé, savoir qu'on n'a pas de terres, ou qu'on n'en a pas suffisamment, est le prétexte d'une prévoyance mal-entendue; je dirai plus, c'est une iniquité révoltante. Nul ne peut être empêché dans l'exercice de son industrie; chacun a le droit d'élever chez lui telle quantité de bétail qu'il veut; l'Etat ne doit pas plus s'inquiéter des moyens que nous employons pour nourrir nos bestiaux, qu'il ne s'inquiète de ceux que nous employons pour nous nourrir nous-mêmes. Les nourrisseurs qui existent dans les communes rurales aux environs des grandes villes, et notamment près Paris, sont la preuve qu'on peut n'avoir de terre ni en propriété, ni à loyer, et cependant posséder beaucoup d'animaux (1). Une seconde preuve est dans l'exemple de plusieurs grands propriétaires de troupeaux, lesquels, sans avoir un seul centimètre de

____

(1) Ils nourrissent, en été, leurs animaux avec des récoltes vertes, qu'ils achètent sur pied ou bien à la voiture; l'hiver, ils leur donnent des fourrages secs et des racines pivotantes, achetés chez les cultivateurs qui en font la spéculation. Les engrais provenant de ces animaux, sont ensuite livrés à ces mêmes cultivateurs, et entrent pour leur valeur, en compensation du prix de la fourniture qu'ils ont faite.

terre, mettent leurs bêtes à laine en pension chez des cultivateurs riches et honnêtes, à qui ils paient une certaine somme par an (1).

SECTION PREMIÈRE.

Des Substances Alimentaires.

La bonne nourriture des animaux domestiques est le point le plus important de leur gouvernement; c'est aussi le moyen le plus certain de conserver intactes les races, et même de les améliorer sensiblement. Dans le choix qu'il faut en faire, comme dans l'art de l'administrer, on doit sans cesse s'appuyer sur les lumières combinées de la raison et de l'expérience. Nous ferons précéder ce que nous avons à dire, à ce sujet, par quelques idées préliminaires (2) empruntées à Parmentier (3), et nous saisissons avec empressement l'occasion, pour payer la dette de notre reconnaissance au savant modeste, qui nous

______

(1) Voyez la *Bibliothèque Physico-Économique*, année 1818, ou T. III, pages 237 — 259 de notre rédaction

(2) Nous avons cru utile de les accompagner de quelques notes.

(3) Dans ses *Considérations sur l'hygiène vétérinaire*

honora de son amitié, et daigna guider notre jeunesse par ses conseils.

« Les alimens les plus propres à la nourriture des animaux sont, dit-il, fournis par les plantes, parce qu'ils sont tous herbivores ou granivores : ainsi, depuis la semence la plus sèche, jusqu'à la racine la plus succulente, les différentes parties des végétaux peuvent entrer dans le régime des bestiaux.

En trons dans quelques détails.

« *Des grains.* — Les grains sont la nourriture que les animaux aiment le mieux. Les ruminans en exigent moins que le cheval, et c'est communément l'avoine à laquelle on donne la préférence. Mais son enveloppe coriace et flexible, sa surface polie et luisante, sa forme allongée, mettent cette semence dans le cas de glisser en partie sous la dent des bestiaux, sans avoir subi la mastication, de séjourner dans l'estomac sans y être attaquée par les sucs digestifs, et de passer dans les excrétions, sans avoir par conséquent rien fourni d'alimentaire. Ces inconvéniens ont déterminé à remplacer son usage, dans quelques cantons, par l'orge, qui a une végétation moins chanceuse, donne un produit plus riche, plus substantiel, et plus généralement utile (1).

« *Du fourrage.* — La luzerne, le sain-foin, le trèfle, cultivés en grand, composent ce qu'on nomme vulgairement prairies artificielles, les plus avantageuses et les plus durables qui existent ; elles sont fort recherchées des animaux. La luzerne convient mieux au cheval, le trèfle aux vaches et aux bœufs (2), le sain-foin au mouton. Il existe une foule d'autres plantes, dont on couvre annuellement

---

(1) En Espagne, sur les côtes de Barbarie, en Egypte, dans l'Arabie et dans tout l'Orient, on a adopté l'orge pour la nourriture des animaux. L'usage de ce grain tempère la rigidité de la fibre, calme l'effervescence des humeurs, modère les effets de la trop grande chaleur et de la sécheresse de l'atmosphère ; il rafraîchit les individus dont la constitution vigoureuse n'est que trop disposée à tous les genres d'inflammations ; enfin, il entretient la force et la santé.

(2) C'est à l'abondance du trèfle que le Westerwald doit l'avantage de fournir tous les ans deux mille bœufs aux Pays-Bas, et autant de moutons, qu'on laisse engraisser dans ce pâturage. Sans le trèfle, cette contrée, qui comprend les pays de Cologne, Trèves, Ysembourg, Sayn, Wied, Siegen, Dillenbourg, Beitstein et Hadamar, serait le plus pauvre pays de l'Allemagne.

des terrains, pour la nourriture exclusive des bestiaux, que l'on fauche à mesure des besoins, et qui sont cultivées isolément ou réunies dans le même champ, sous des noms collectifs. On est parvenu à en naturaliser quelques-unes, et à se ménager, dans les feuilles des arbres, des ressources pour le régime d'hiver. Ce n'est qu'en réunissant tous les moyens d'accroître la subsistance des animaux, qu'on parviendra à entreprendre et à maintenir l'amélioration des troupeaux, à prévenir la rareté des fourrages, dont on est menacé quelquefois, et les suites fâcheuses qu'elle entraînerait nécessairement, si on attendait que la disette fût encore plus considérable, parce que l'industrie, aux prises avec le besoin, n'est capable d'aucunes recherches heureuses : que le cultivateur se pénètre bien de cette vérité : il vaut mieux avoir trop de fourrage que pas assez de bestiaux.

« *Des céréales.* — La classe nombreuse des céréales a été regardée, dans la plus haute antiquité, comme la nourriture la plus naturelle des animaux domestiques. Le froment, le seigle, l'orge, l'avoine, l'épeautre et le maïs, coupés en vert, produisent un fourrage aussi abondant que salutaire : mais c'est surtout le seigle et l'orge qui doivent mériter la préférence, comme prairies momentanées. Ils croissent promptement sur les terres maigres et légères, et résistent plus qu'aucune autre plante à la sécheresse : les bestiaux, exténués par le régime de l'hiver, trouvent, dans ce fourrage, les premiers jours du printemps, un aliment savoureux qui, administré avec circonspection, semble tout-à-coup renouveler leur existence. C'est dans cette vue qu'on ne saurait trop multiplier les plantes hâtives propres à donner un fourrage printannier, bon à faucher avant qu'il soit possible de jouir des prairies artificielles ordinaires (1).

« *Hivernage.* — Le mélange de pois, de vesces, de lentilles, de fèves, et autres plantes légumineuses, connues dans la plupart de nos départemens sous le nom de *dragées* et de *bisailles*, offre, au moment de la floraison, un excellent fourrage, surtout quand on y

---

(1) Les fanes de toutes les espèces de pois cultivés dans nos jardins ou en plein champ, méritent d'être conservées pour l'hiver. Tous les lotiers, les mélilots, les diverses sortes d'ers, de lupin, etc., qui croissent spontanément dans les campagnes, sont aussi à rechercher.

ajoute du seigle ou de l'orge, dont la tige sert de rames pour favoriser leur végétation, et foisonner davantage en herbe (1).

« *Racines.* — Cette partie essentielle de l'organisation végétale, d'une grande utilité pour l'homme, ne présente pas moins d'avantage aux animaux domestiques, lorsque les prairies donnent peu de foin, ou qu'on en manque. Les racines sont, après les grains, au nombre des substances végétales les plus chargées de parties nourricières. Leur culture est propre à tous les terrains, et elles produisent considérablement, dès qu'on leur donne les façons convenables. Étant mêlées, en certaines proportions, au fourrage ordinaire, elles ont l'avantage de prolonger les effets du vert toute l'année, et de conserver les animaux dans cet

______

(1) Les tiges fraîches du maïs sont une excellente nourriture pour le bœuf, le mouton et la mule. Les feuilles des tiges du houque à balais (*holcus sorghum*) ont le même avantage, ainsi que le gros et le petit millet. On peut même tirer parti du chiendent, qu'il est essentiel de détruire partout où il se trouve. Il faut le cueillir, ou pour mieux dire l'arracher, lorsque ses pousses sont encore tendres, les mettre sécher : on le fait ensuite macérer quelques jours dans l'eau, et on le donne aux bestiaux. Sa partie sucrée excite vivement leur appétit.

état de vigueur et de santé, si nécessaire pour le renouvellement des espèces.

« La culture en grand des plantes potagères donne en outre la possibilité de retirer d'une petite étendue de terrain une masse énorme de nourriture succulente (1). C'est à elle qu'on doit en partie une meilleure méthode dans les assolemens, et la faculté de supprimer les jachères. Plusieurs de nos départemens en ont déjà apprécié les avantages, pour commencer l'engrais des bœufs. Combien il serait facile d'étendre la culture des racines potagères, plutôt que de s'obstiner à couvrir de vastes terrains de seigle et de sarrasin, avec lesquels on éprouve si souvent la disette ou la famine! Si OLIVIER DE SERRES donna jadis à la luzerne le nom de *merveille du ménage*, c'est qu'il ne connaissait pas encore la pomme de terre, qui mérite à bien plus juste titre, parmi les racines, cette qualification. Nulle racine, en effet, n'est plus utile dans l'économie domestique, nulle ne semble plus appropriée à nos besoins; et, dans les temps de crise, elle est toujours la

____

(1) Il faut en excepter les ognons, dont les débris ne conviennent à aucune espèce d'animal.

plus assurée de nos ressources et de celles des bestiaux. Je ne crains pas d'affirmer que quiconque a eu le bon esprit d'essayer en grand la culture des racines potagères, pour les administrer ensuite aux animaux pendant l'hiver, n'abandonnera jamais cette méthode, vu les nombreux avantages qu'il doit en avoir déjà recueillis. Les cultivateurs gagneraient à une pareille pratique, s'ils voulaient faire taire leurs préjugés, et imiter les propriétaires qui leur prêchent d'exemple. L'économie qui en résulterait pendant la moitié de l'année environ, où l'on est presqu'entièrement privé des pâturages, est incalculable. »

De la paille. — PARMENTIER a omis de parler de la paille dans l'énumération des diverses substances qui servent ou peuvent servir à la nourriture des animaux domestiques : on verra, par ce que nous allons en dire, combien elle mérite de fixer l'attention des cultivateurs.

Des personnes prétendent que la paille est un mauvais fourrage ; l'on en donne très-rarement aux bestiaux, dans les contrées où le foin est abondant ; les propriétaires et les fermiers allèguent pour raison, que la paille est dure, d'une mastication difficile, et que

les chevaux surtout ne s'en soucient guère.
Sans rappeler ici le vieux proverbe : *Cheval
de paille, cheval de bataille*, il nous sera
facile de combattre l'erreur, et de prouver
que l'on a grand tort de négliger cette substance économique et bienfaisante.

La paille que la poussière, les insectes et
les rats n'ont point endommagée ni salie,
est une nourriture très-saine pour tous les
animaux de luxe ou de travail. Elle n'est
point aussi substantielle que le foin, mais elle
n'a pas comme le foin, l'inconvénient de les
rendre lourds, paresseux, et de les disposer
à la pousse. La paille donnée en abondance,
met l'animal en état de soutenir, sans fatigue, un service pénible et habituel; elle le
préserve, en outre, de la longue série de
maladies inflammatoires et farineuses, et de
l'altération des flancs, dont il devient la proie
vers la moitié de son âge, lorsqu'il mange
trop d'avoine et de foin. Les Grecs et les
Romains connaissaient ces faits; leurs géopones ne nous laissent aucun doute à cet
égard; d'après eux, nos médecins vétérinaires
les plus experts recommandent la paille
d'une manière toute particulière. Elle est
excellente, et abondamment fournie de ma-

tière sucrée, dans les contrées méridionales; celle des années chaudes et venue sur un terrain sec, est préférable; il faut la rejeter si elle a été récoltée sur des champs bas et humides, ou bien dans une année froide. La paille coupée avant la maturité du grain, est des animaux plus recherchée et plus nourrissante, que lorsqu'elle a séché sur pied; légèrement battue, elle l'emporte de beaucoup sur le foin; brisée, elle a perdu les parties mucososucrées et amilacées qui la rendent éminemment nutritive, elle débilite, et pour retrouver quelque bonne qualité, elle veut être alors aspergée d'eau salée et stratifiée avec du foin frais, dont elle reçoit et l'odeur et la saveur. La paille des blés versés ou laissée trop long-temps sur le champ après avoir été coupée, noircit promptement, perd toutes ses propriétés, et fournit une très-médiocre litière; celle qu'on a rentré mouillée, moisit en peu de temps, et n'est bonne à rien; celle qu'on aurait placée dans le voisinage des fumiers, contracterait une odeur rebutante.

S'il faut en croire COLUMELLE (1), la paille du millet doit occuper le premier rang; celle

____

(1) De re rustica, VI. 3.

d'orge le second, et celle de froment le dernier. OLIVIER DE SERRES (1) donne la préférence à la paille d'avoine ; il désigne ensuite celle d'orge, *qui est fort appétissante, mais de faible nourriture*, puis celle de seigle, et enfin celle de l'épeautre, qui, *pour sa durté presque à autre service, n'est propre qu'en fumier*. Ces distinctions tiennent aux préjugés de temps et de localités : on est détrompé, aujourd'hui que l'analyse, cette heureuse méthode d'investigation et de raisonnement, a porté la lumière dans toutes les opérations de l'esprit humain, et amené les plus beaux résultats dans la pratique des sciences. La paille de millet n'est pas à comparer à celle du froment. Toutes celles fournies par les différentes espèces et variétés de blé ne se ressemblent pas; les unes sont fortes et pleines de moëlle; les autres sont tubulées; celles-ci peuvent être mangées sans aucune préparation ; celles-là demandent, au contraire, à être hachées, qu'on écrase leurs nœuds, et qu'on leur donne plus de souplesse. La paille de froment, d'un jaune brillant et uniforme, est plus du goût des animaux;

____

(1) *Théâtre d'agriculture*, IV lieu, chap. 9.

mais ils lui préfèrent celle d'orge, quand elle est légèrement mouillée, et surtout celle d'avoine, qui provient des semailles les plus retardées. Les pailles des champs, où l'herbe est unie aux tiges du blé, nourrissent plus que celle de pur froment. Le blé qu'on a semé au printemps, ne donne pour ainsi dire qu'une paille sèche ; tandis que celui qui a été semé avant l'hiver, ayant eu une végétation longue, donne une paille plus abondante en sucs nutritifs. Lorsque la saison est pluvieuse, la paille est sans saveur et sans qualité ; si l'époque des récoltes est au contraire chaude, la paille est superbe et très-appétissante.

Nous avons fait connaître les substances alimentaires propres aux animaux, maintenant nous allons passer aux moyens de leur donner l'appropriation la plus avantageuse.

§. 1.ᵉʳ — *Appropriation des alimens.*

En ce qui concerne les alimens, il faut se conformer aux intentions de la nature, c'est-à-dire les proportionner à la force dont elle a armé les mâchoires. Ce qui nourrit les animaux, c'est bien moins ce qu'ils mangent, que ce qu'ils digèrent. La mastication est pour eux , comme pour l'homme, une des conditions essentielles de la bonne digestion ; son effet n'est pas seulement de diviser les alimens, mais encore de les broyer, de les atténuer, de les moudre, et surtout de les ramollir et de les imprégner du suc salivaire , qui est un dissolvant très-actif. Plus un aliment est dur et coriace , moins il peut se passer de cette opération préparatoire. Faute de pouvoir être réduit en une espèce de pâte homogène, il n'offrira pas suffisamment de prise aux sucs digestifs, qui doivent l'attaquer dans l'estomac et les intestins ; dès lors il y aura tendance à l'amaigrissement de l'individu, il y aura perte de forces et de vitalité.

Le choix et l'appropriation des alimens , suivant l'âge et la destination des animaux , exige des frais sans doute ; mais quels fruits ne retire-t-on pas de dépenses aussi bien placées? Que le propriétaire se garde donc de céder aux inspirations d'une parcimonie mal entendue; il immolerait la santé de ses bestiaux, et par suite, il se priverait des avantages incalculables qu'ils assurent à la ferme.

Toutes les substances alimentaires végétales parvenues en maturité , veulent encore subir une autre maturité, celle du temps , qui les débarrasse de leur eau de végétation, complète le travail de la nature, et leur ôte ces qualités fâcheuses qui résultent d'un emploi trop précipité. La maturité du *temps* imprime aux fruits la saveur sucrée et le parfum agréable qui flattent si délicieusement le goût et l'odorat. Les grains y gagnent en poids, et surtout en qualité. Le fourrage lui-même, récemment récolté, a besoin, pour être appétissant et ne point causer d'accidens graves, d'éprouver dans la meule ou bien au grenier, cette douce fermentation, ce léger degré de chaleur, qui en opère la maturité secondaire.

À ce premier degré d'appropriation, doit succéder une autre opération non moins importante : elle a pour objet les substances simples ou les mélanges.

§. II. — *Substances alimentaires simples.*

Nourriture sèche. — La meilleure manière d'administrer les grains secs, c'est de les passer sous la meule, sans les soumettre à l'action du bluteau. Rapprochés ainsi de l'état de gruau, ils deviennent très-nourrissans, offrent dans tous les points prise aux sucs digestifs, et conviennent particulièrement aux animaux ruinés. Sous la forme *panaire*, un kilogramme et demi donne autant de profit que deux kilogrammes de farine, et trois de grains non écrasés. Cuits dans l'eau et légèrement fermentés, les grains secs profitent surtout aux individus malades ou faibles, et à ceux que l'on veut engraisser : plus volumineux alors, les grains ont plus de saveur, ils sont plus substantiels, et se digèrent parfaitement ; ils ont en outre l'avantage de développer les forces, d'augmenter l'énergie ; en un mot, d'opérer en trois mois ce que les mêmes alimens crus ne feraient pas en cinq ou six.

Les légumes secs sont vivement appétés par tous les animaux, ainsi que les racines : mais ils mangent encore plus volontiers ces substances, lorsqu'elles ont subi la cuisson. Dans ce dernier état, elles conviennent moins aux animaux à fibre molle, à tissu cellulaire lâche, parce qu'elles offrent peu de résistance, et qu'elles ne sont pas susceptibles d'être triturées par la rumination, cet acte singulier de l'estomac chez plusieurs espèces, sur lequel Daubenton a jeté un vaste rayon de lumière (1).

____

(1) *Mémoire sur le mécanisme de la rumination*, inséré

Soumises à l'action du feu, toutes les substances alimentaires changent de nature, de goût et de propriété. Les principes qui les constituent, isolés dans leur état naturel, se rapprochent, s'amalgament, se combinent de manière à former un tout homogène, dont l'effet est aussi prompt qu'énergique. Cependant, pour arriver avec plus de certitude encore à ce résultat, l'expérience nous a démontré qu'il convenait d'administrer les substances cuites plutôt chaudes que froides. Les vaches et les brebis préfèrent les préparations tiedes à toutes les autres. Les chèvres que l'on nourrit de choux frisés (*brassica oleracea*), à l'instar des habitans du Mont-d'Or, près de Lyon, les aiment à demi cuits et presque froids. Les dindes de Saint-Chaumond, département de la Loire, n'atteignent à leur grosseur extraordinaire, et ne doivent leur chair fine et savoureuse, qu'aux pommes de terre cuites et au maïs, réduit à l'état de gruau. C'est à une nourriture chaude, que les belles volailles de la Bresse, département de l'Ain, doivent de surpasser en qualité, toutes

dans les actes de l'Académie des sciences de Paris, année 1768, pag. 389 à 398.

celles de la France. Les agronomes romains recommandent aussi les alimens cuits et donnés chauds (1).

La paille fraîche et bien conditionnée, fait plaisir à tous les animaux ; celles du froment et de l'orge d'automne, appelée *escourgeon*, conviennent plus particulièrement au cheval; celle d'avoine, beaucoup plus tendre, est préférable pour le gros bétail, et celle du seigle pour le mouton. Il faut éviter de la donner seule aux chevaux, aux bœufs, et aux autres animaux de travail ; elle les affaiblirait au point de ne pouvoir plus rendre de services. Les chevaux de selle, les vaches, les bêtes à laine, qu'on ne veut pas trop engraisser, doivent être mis à la paille, surtout à la paille molle de l'orge. Je ne conseillerai pas de la hacher, quoique cette méthode soit en usage dans presque toutes les métairies de l'Angleterre, de l'Allemagne et de la Suisse ; préparée de cette manière, elle dispense les animaux de mâcher, condition nécessaire, comme nous l'avons déjà dit, de toute bonne digestion, et met en sang la bouche des

---

(1) PLIN., *Hist. natur.* XVIII 15.

jeunes chevaux et mulets qui n'y sont pas
encore accoutumés. La paille humectée légèrement un ou deux jours à l'avance , pour
l'attendrir , est recherchée des animaux ; elle
leur profite davantage , et n'*arachit* point les
chevaux. On peut aussi , comme cela se pratique dans beaucoup d'endroits , faire hacher
la paille avec le foin , les mêler à parties
égales , et les donner pour toute nourriture.
Ce mélange procure de la force ; il tient lieu
de l'avoine , et préserve des maladies qui naissent ordinairement d'un usage trop habituel
du foin , d'où est venu le proverbe : *Cheval de
foin , cheval de moins.*

Quant au fourrage , considéré comme base
de l'aliment propre à certains animaux , il
demande à être traité d'une manière toute
particulière. Celui qui provient de prairies
naturelles , non semées ou semées sans aucun
choix , est infecté d'un grand nombre de végétaux impropres à l'objet qu'on s'est proposé
dans l'établissement de ces mêmes prairies.
Telle plante agréable , saine , utile aux bêtes
d'une complexion faible , est essentiellement nuisible à celles d'un tempérament robuste. La ciguë *(conium maculatum)*, les
tithymales *(euphorbia peplus* et *eupheliosco-*

pia), les tiges de l'ellébore blanc (*veratrum album*), la croisette velue (*valantia cruciata*), la jusquiame (*hyoscyamus niger*), que repoussent presque tous les animaux de la ferme, sont mangées sans inconvénient par l'âne, le mulet et la chèvre, qui périrait plutôt de faim, que de paître la tremme à feuilles de roseau (*agrostis arundinacea*), et quelques autres graminées très-recherchées du bœuf, du cheval et de la brebis. Le cheval aime l'âcreté de la petite douve (*ranunculus flammula*), qui tue les moutons ; il est très-friand du nerprun purgatif (*rhamnus catharticus*), et du napel (*aconitum napellus*), auxquels le gros bétail ne touche pas, et il est empoisonné par l'angélique (*angelica archangelica*), que les peuples du Nord mangent avec tant de plaisir. Le porc meurt si on lui donne l'ansérine fétide (*chenopodium vulvaria*), objet de friandise pour presque tous les autres quadrupèdes. Les bestiaux qui paissent librement, ou qui sont abandonnés à eux-mêmes dans les prairies, ne broutent jamais les plantes susceptibles de leur nuire : un instinct, plus sûr que notre intelligence, les avertit du danger qu'ils ont à craindre. La perfection de leur odorat, réunie à la délicatesse du tact, leur fait distinguer celles de ces plantes qui nuiraient à leur santé. Mais il n'en est pas de même des animaux réduits à l'état d'oppression, par l'aveugle industrie de l'homme; l'appétit de ceux-ci, irrité par la faim, ne leur permet pas la liberté du choix. Il faut convenir que l'insouciance des propriétaires ruraux, tant sur le choix des plantes qui composent leurs prairies naturelles, que sur le sort des bestiaux qui s'en nourrissent, serait impardonnable, s'ils connaissaient le danger auquel ils les exposent, par l'effet des foins ou des fourrages qu'on leur distribue à la crèche. Heureusement que les plus dangereuses de ces plantes perdent dans l'état de siccité, la majeure partie de leurs propriétés délétères. Elles agissent alors d'une manière moins funeste, que dans l'état de verdure; cependant, elles leur apportent souvent des maladies ou des incommodités d'autant plus fâcheuses, que n'en devinant point les véritables causes, on n'en connaît pas le remède.

Le meilleur foin, celui qui abonde le plus en principes nutritifs, est celui qui provient de plantes montées en graines; il plaît à tous les bestiaux, il les appète par son odeur agréable

et sa belle couleur verte, et doit être préféré
à celui qui a été fauché avant l'épanouisse-
ment de la fleur, ou depuis la maturité (1). Il
ne faut serrer le foin, que lorsqu'il est parfaitement sec; pour peu qu'il soit humide, il s'é-
chauffe, il fermente, il perd sa couleur et son
parfum; il devient dès-lors une nourriture malsaine, dont l'usage peut causer beaucoup de
maladies. Il en est de même du foin mouillé
pendant la dessication. Le seul moyen de corriger sa mauvaise qualité, c'est de l'étendre
avec de la paille, couche par couche, et de le
saupoudrer de muriate de soude ou gros sel :
on prévient aussi de la sorte le danger, non
moins funeste, de l'embrasement spontané,
qui arrive trop souvent dans les greniers et
dans les meules remplis ou formées dans des
temps de pluie et d'orages. Le vieux foin est
plein de poussière; il répugne aux chevaux,
et lorsqu'on en laisse dans le grenier, il gâte
le nouveau : il en est de même lorsqu'on a la
négligence de couvrir le foin de l'année pré-

---

(1) Le moment où le grain est formé, est celui où le
végétal a le plus de vigueur ; la nature réunit alors
tous ses efforts afin de donner la vie, l'accroissement et
la perfection à l'individu qui doit reproduire son espèce.

cédente, avec celui qui a été nouvellement
fauché.

Les feuilles, cette riante parure des arbres,
qui a des fonctions très-importantes à remplir
dans l'acte de la végétation, les feuilles si utiles
pour la conservation des plantes et même de
notre propre existence; les feuilles qui sont
disposées par la main de la nature avec un art
si admirable, qu'aucune ne dérobe à l'autre
les rayons lumineux et les exhalaisons répan-
dues dans l'atmosphère, sont dans toutes les
fermes, particulièrement en Italie, fort recherchées comme aliment supplémentaire
des bestiaux. On les recueille pour fourrage
d'hiver, à la fin de septembre ou au commencement d'octobre. On prend, à cet effet,
les feuilles de presque tous les végétaux, depuis celles de l'amandier (*amygdalus communis*), qui engraissent singulièrement les
moutons, et celles du chêne (*quercus robur*),
qui sont amères et astringentes, jusques à
celles de l'ajonc ou genêt épineux, (*ulex euro-
pœus*), qu'il faut avoir soin de faire macérer.
Nous avons vu ramasser les feuilles de l'yeuse
(*quercus ilex*) aux environs de Naples, et
celles si âpres du marronier (*œsculus hyp-
pocastanum*), que le cheval mange avec

plaisir et avidité. Les animaux aiment
mieux, en général, les feuilles annuelles,
que celles des arbres toujours verts, qui sont
moins tendres et moins succulentes. Il y a
bien encore du choix à faire dans les feuilles annuelles ; c'est l'expérience qui doit diriger. Nous plaçons en première ligne les
arbres des vergers, après qu'ils ont donné le
tribut de leurs fruits ; le robinier (*robinia
pseudo-acacia*) , exquis pour les agneaux
qu'on veut sévrer ; l'orme *(ulmus campestris)*,
le tilleul (*tilia europœa*) , le charme (*car-
pinus betula*), l'érable (*acer campestre*), les
saules *(salices)*, le cornouiller (*cornus sangui-
nea)*, le cytise des Alpes (*cytisus laburnum*),
le mûrier (*morus nigra)*, le sycomore (*acer
pseudo-platanus*) , le noisettier (*corylus
avellana*), la vigne (*vitis vinifera*), etc.
Nous plaçons en seconde ligne le hêtre (*fagus sylvatica*), le bouleau (*betula alba*), le
châtaignier (*castanea vulgaris)*, le platane
(*platanus orientalis* et *occidentalis*), le chêne
(*quercus robur*), etc. On les entasse dans des
citernes bétonnées ou dans des tonneaux, et on
les asperge avec du muriate de soude ou gros
sel. On les recouvre immédiatement de paille,
et par-dessus on jette une couche de sable ou

de terre très-sèche, pour intercepter tout contact avec l'air atmosphérique.

Le véritable secret de la prospérité agricole
est de savoir tirer parti de tout; le cultivateur
vigilant trouve dans les plus petits soins mille
ressources importantes. Celui qui rassemblera
les émondures des arbres fruitiers, au temps
où on les taille, avant la sève d'août, et les mettra sécher à l'ombre, trouvera dans l'hiver
un fourrage auxiliaire qui plaît beaucoup aux
chevaux. Mais il faut observer que les tiges
d'arbres et les feuilles des plantes, devenues
sèches sur pied, sont fort peu nourrissantes,
et qu'elles contiennent bien moins de matière
sucrée, que celles qui ont été coupées au
moment de la floraison.

C'est surtout dans les années de grande
abondance, qu'il faut prévoir les temps où la
disette des fourrages en élèvera le prix au
triple et même au quadruple de la valeur;
c'est au sein de la prospérité qu'il faut se
ménager des ressources, et rassembler autour
de soi tout ce qui doit aider dans une époque
désastreuse. Le gland est un des objets de
cette utile prévoyance. Pour le recueillir, on
profite d'une belle journée d'octobre ou de
novembre; les plus luisans et les plus lourds

sont préférables aux plus gros; on les dépose dans un lieu ni trop sec ni trop humide, qui permet de les remuer souvent, et de les exposer à un courant d'air, ou, ce que nous aimerions mieux, on choisit un endroit très-sec, après les avoir passés à un four chauffé modérément. Avant d'en faire usage, on les écrase, et on les met macérer dans l'eau. Les glands sont alors dépouillés de leur amertume, et recherchés autant que ceux nouvellement récoltés. Frais ou séché, ce fruit sauvage, qui contient une fécule alimentaire, engraisse promptement; il affermit la chair et lui communique un fort bon goût, lorsqu'il est pris en petite quantité. Le principe astringent qui le constitue resserre, cause des engorgemens dans le bas-ventre, et amène très-vite les nombreux accidens qui suivent d'ordinaire les maladies de ce genre; cela arrive toutes les fois qu'on excède la mesure convenable. Dès-lors, cette propriété fâcheuse lui est commune avec toutes les autres substances alimentaires: l'excès est toujours nuisible, quel qu'en soit l'objet. Nous avons vu des chevaux et des mulets superbes, nourris de glands pendant plusieurs mois, sans qu'ils en eussent éprouvé la plus légère incommodité. Les bêtes à laine et à cornes peuvent aussi manger beaucoup de glands sans danger. Ils engraissent les dindons. Secs et pulvérisés, mêlés avec du son ou telle autre substance, ils servent de nourriture à la volaille, qui s'en trouve fort bien ; mais il n'est point d'animal à qui le gland convienne davantage qu'aux pourceaux ; il faut seulement les y habituer de bonne heure.

PASSAGE DE LA NOURRITURE SÈCHE A LA NOURRITURE VERTE. — Alors que la sève long-temps captive s'échappe des racines pour monter dans les branches, et rendre la vie aux végétaux ; alors que le printemps, couronné de fleurs naissantes, descend de la voûte éthérée, porté sur un nuage vermeil, la nature entière change de face ; une révolution générale agite tous les êtres, les sollicite incessamment à briser les entraves de leur condition actuelle. Les longues nuits de l'hiver et les noirs frimas qu'elles étendaient partout, quittent l'horizon et fuient vers le pôle, se cacher dans ses antres de cristal. Les échos assoupis se réveillent aux premiers accents des oiseaux ; le souffle vivifiant des zéphyrs remplit l'atmosphère de parfums suaves, et le léger bruissement de la feuille nouvelle se marie aux plaintes amoureuses du berger fidèle , aux efforts de la charrue vacillante , qui trace le fertile sillon.

Dans ce moment délicieux, la terre rajeunie appelle l'homme des cités sur les sommets embaumés des collines, pour y respirer un air pur , et y jouir de la joie qui lui sourit de toutes parts. Là, près d'une fontaine doux-murmurante , assis au milieu des fleurs , sur lesquelles le soleil répand l'or de ses rayons, il aspire une nouvelle vie, son cœur s'épanouit aux plus doux sentimens, et son âme, qu'embrase la liberté, l'élève au niveau de la création, lui inspire de sublimes travaux.

Les animaux de la ferme ne demeurent point étrangers à ce mouvement général de la nature; ils éprouvent aussi, et manifestent vivement le besoin de profiter de la végétation nouvelle, et de changer l'air lourd de leurs prisons, contre un air léger et salubre. Ils rejettent les fourrages secs et les racines d'hiver; ils s'irritent contre le joug, et repoussent la main qui pourvoyait chaque jour à leur nourriture; ils veulent être libres, et prendre part au grand concert de tous les êtres. Leur impatience augmente chaque jour, par la détérioration des substances qui avaient servi jusqu'alors à les soutenir. A la détérioration, se joint encore l'insuffisance. Souvent un hiver prolongé et une végétation plus tardive que de coutume, viennent ajouter à ces circonstances difficiles. L'embarras qui en résulte pour le propriétaire est extrême : ce n'est plus une simple pénurie, c'est une véritable disette. Heureux si son imprévoyance, en causant le dépérissement, la mort même, ou en le forçant à se défaire à vil prix d'un grand nombre d'animaux, ne porte pas la ruine dans ses établissemens, et l'épuisement dans ses capitaux !

Il y a des moyens de prévenir ces dangers. Le premier de tous est de préparer de longuemain le passage de la nourriture sèche à celle en vert. Une transition subite serait funeste aux intérêts du cultivateur et à ceux de l'agriculture; on ne change pas tout à la fois d'air, d'exercice et d'alimens, sans occasioner quelque désordre dans l'appareil digestif. Il faut prendre ses mesures de bonne heure, et amener une substitution graduelle. Les inconvéniens de la routine sont trop graves, pour qu'un propriétaire, tant soit peu éclairé, fasse tous ses efforts pour les atténuer; disons mieux, pour les éviter.

On accoutume insensiblement les animaux à l'herbe fraîche, en en donnant peu à la fois et en la coupant avec des fourrages secs moins substantiels. Si l'on veut faire manger le vert sur le lieu même de la végétation, il est convenable de ne laisser sortir ses bêtes que lorsqu'elles sont rassasiées : encore est-il bon qu'elles n'y restent d'abord que quelques heures, et qu'on ne les y tienne qu'en courant. Mais pour être certain de la quantité qu'elles consomment, au lieu de laisser déprimer, gaspiller et piétiner le pré, il est bien plus prudent et plus économique de le faucher, de n'administrer le fourrage nouveau, qu'après l'avoir laissé ressuer et se faner, et de le donner seul dans le râtelier, soit aux champs, soit à l'étable. Ces précautions sont de la dernière importance pour les sujets d'un tempérament délicat, ou qui ont été affaiblis par des maladies graves, par de rudes travaux.

Il ne faut cueillir que la provision absolument nécessaire pour la journée, dans la crainte qu'une bête, sortie de son logement, ne se jette sur le tas, ne s'engorge, et que, l'estomac surchargé tout d'un coup par une masse trop considérable d'alimens, elle ne devienne victime d'une indigestion meur-

trière, comme cela se voit très - souvent.
En réglant soi-même la quantité l'on évite les
inconvéniens du vert pris à discrétion, et
l'on empêche les femelles de passer à la graisse:
l'excès d'embonpoint rend le part laborieux
et difficile ; il affaiblit les organes lactifères,
conduit à la stérilité, ou, ce qui n'est pas
moins fâcheux, à ne donner qu'une postérité
peu propre à faire souche.

Dans quelques contrées, on est encore dans
l'usage de saigner au moment de mettre au
vert. C'était autrefois une coutume générale ;
mais depuis que l'on a su se créer des ressources supplétives, par des racines potagères
que l'on donne après le fourrage sec, et pour
amener une transition douce, presqu'insensible, les propriétaires en ont reconnu l'abus.
Ce moyen préparatoire, que l'on regarde
comme devant s'opposer à la pléthore et à
l'apoplexie, loin de produire l'effet qu'on en
attend, dérange les fonctions animales, et
empêche qu'on ne tire un parti avantageux
du régime nouveau. La saignée, ainsi que
l'avait observé notre ami l'infortuné GIL-
BERT (1), produit un relâchement trop consi-

____

(1) *Recherches sur les causes des maladies charbonneuses
dans les animaux*, pag. 57.

dérable ; elle augmente la disposition que l'on voulait combattre. Il faudrait plutôt donner du sang à l'animal que lui en ôter, puisqu'il s'agit de lui restituer des forces. Nous en dirons tout autant des préparations antimoniales, qu'un usage non moins irréfléchi porte à administrer aux chevaux et aux mulets que l'on veut mettre au vert. Elles sont parfaitement inutiles, à moins que quelques maladies particulières n'en demandent l'emploi.

Nourriture verte. — Le moment de l'année le plus favorable pour donner le vert, commence lorsque la température est devenue douce, après les grands froids, et avant les chaleurs excessives, qui développent ordinairement cette multitude d'insectes, fléau de toutes les bêtes de la ferme.

On met au vert les individus échauffés par un travail excessif, ou sortant d'avoir des fièvres inflammatoires. Il convient également à ceux qui sont dégoûtés, qui maigrissent sans cause apparente, ou qui sont affectés de maladies chroniques. Mais il est nuisible aux sujets vieux, et même quel que soit leur âge, à ceux qui sont attaqués de maladies résultant du relâchement des solides, et de la décomposition des fluides. Il préjudicie aussi, mais beaucoup moins, aux individus qu'une légère fatigue met en sueur, accable et abat.

Les avantages de cette nourriture sont incontestables, quand elle est prise modérément; et si l'on cite quelques faits contraires, c'est qu'avant de l'administrer, on a négligé certaines précautions, auxquelles la réussite était attachée : comme tous les remèdes, le fourrage vert a besoin d'être aidé dans ses effets.

Considérée sous un autre rapport, la nourriture en vert n'est pas moins avantageuse. On doit y soumettre, au moins pendant quelques jours de suite, et à plusieurs reprises, les chevaux, les mulets, les ânes et les bœufs, que l'on tient toute l'année aux fourrages secs. Les jumens, les vaches, les brebis, les ânesses pleines ou nourrices, veulent y être mises plus vite et plus long-temps que les autres. Le vert n'a pas besoin d'être très-abondant pour les animaux jeunes; ils peuvent paître l'herbe courte et à mesure qu'elle croît.

Dans les pays de moyenne culture ou à métairies, on a l'usage d'ouvrir trop tôt la saison du vert : mais ce n'est pas sans de graves inconvéniens; on empêche par là l'herbe d'accomplir ses périodes, et les prairies de donner une récolte vraiment fructueuse, en même temps que l'on se prive de tout espoir de regain. Le vert de primeur n'est point substantiel; administré seul, loin de profiter à l'animal, il le débilite. Le relâchement du ventre va jusqu'à la purgation, ou bien, ce qui est souvent mortel, il survient des indigestions avec tympanite, d'où résulte quelquefois la rupture de l'estomac, d'un intestin ou du diaphragme. Ces accidens arrivent surtout aux bêtes les plus voraces. Mais lorsque l'herbe a acquis un certain degré de maturité, que la sève parfaitement élaborée a favorisé le développement des sucs nutritifs, l'animal qui la mange a plus de gaîté, plus de fierté dans le caractère; sa peau devient plus souple, sa robe plus brillante et plus onctueuse; ses articulations sont plus liantes; il se débarrasse facilement des engorgemens inflammatoires; ses dents d'adulte sortent d'une manière moins orageuse; les femelles conçoivent mieux, et mettent bas avec moins de difficulté; le lait est plus abondant et plus nourrissant.

Nous avons en France deux manières de mettre au vert; l'une se fait en grand et par masse de troupeaux dans les champs; l'autre est pour les animaux isolés que l'on nourrit sous les toits. La première méthode a lieu dans les pays de bocages et de petite culture; l'autre se pratique dans les grandes exploitations rurales. Ici, l'on fait pâturer les animaux libres sur le lieu même; là, on ne leur abandonne que la quantité d'herbages qu'on sait, par expérience, ne pouvoir leur causer d'indigestion; le moyen le plus usité est de les fixer par la longe à un piquet enfoncé en terre, qu'on ne déplace qu'en l'avançant de trente à quarante-cinq centimètres, lorsque la première portion est déprimée. Dans les contrées où la culture des prairies artificielles est plus étendue, et l'éducation des animaux suivie le plus régulièrement, on fauche la provision de chaque jour, que l'on transporte ensuite dans la ferme, pour y être consommée à l'écurie.

L'herbe verte est la nourriture naturelle du bétail; mangée aux champs, ses effets sont plus prompts et plus marqués qu'administrée à l'écurie; elle agit sensiblement sur le moral et sur le physique, particulièrement sur les étalons de toutes les sortes, qu'elle rend amoureux, pour nous servir de l'expression familière aux cantons où l'on fait les plus beaux élèves. Mais cette pratique entraîne la perte d'une grande quantité de fourrage, et prive le cultivateur de nourrir autant de têtes de bétail qu'il le pourrait.

Le vert étant donné à l'écurie, il y a économie dans la consommation, et avantage pour les prairies, auxquelles le piétinement fait un tort réel. C'est encore un grand moyen d'engrais pour l'agriculture : les bestiaux laissés dans leurs logemens, y font beaucoup de fumier, et les vaches y fournissent une grande abondance de lait. On leur fait faire d'abord, un seul repas, puis deux, et enfin on leur donne le vert toute la journée; mais il faut en seconder les effets par des promenades suffisantes. Sans doute c'est un embarras de couper, de transporter le fourrage, de le conserver et de le distribuer : mais aussi rien de plus économique. L'exemple des nourrisseurs aux environs de Paris, et celui des cultivateurs toscans, le démontrent; avec deux hectares et demi de prairies artificielles, ils pourvoient aux besoins d'un nombre de vaches plus grand, que ne pourraient en nourrir trente hectares, si elles étaient en liberté.

Quoi qu'il en soit, la meilleure manière de faire consommer le vert, est celle qui est calculée sur les besoins particuliers de la culture, et le mieux adaptée aux usages de chaque localité.

Toutes les plantes qui composent un bon foin, peuvent être données en vert avec avantage. On préfère ordinairement les graminées récoltées, avant la floraison, sur des terrains bas et humides, mais non pas marécageux, où elles sont plus riches et plus abondantes. Dans le Nord, on fait plus de cas du seigle (*secale cereale*) et de l'escourgeon (*hordeum hexasticon*); en Amérique et dans les contrées méridionales de l'Europe, c'est le blé de Turquie ou gros millet (*zea mais*), que l'on coupe quand l'épi est près de sortir du fourreau. En Angleterre, on estime davantage la luzerne (*medicago sativa*); en Hollande et dans le Brabant, la spergule (*spergula arvensis*), qui donne au beurre de Dixmude et de la Campine ses qualités si vantées; dans les départemens du Haut et du Bas-Rhin, dans ceux de la Moselle, de la Meurthe, etc., ainsi que dans beaucoup de cantons de l'Allemagne, c'est le trefle (*trifolium pratense*) qui a la préférence.

Cette dernière plante offre peu d'inconvéniens pour les chevaux; elle fait les délices du

porc; mais elle est très-dangereuse pour les
bêtes à cornes et surtout pour les moutons;
quand elle a été fauchée avant la rosée, ré-
pandue sur une aire planchéiée, et administrée seulement le lendemain, ses mauvais effets
sont considérablement atténués. Il faut avoir
aussi la précaution de ne pas faire boire sur le
trèfle, si l'on ne veut pas exposer l'animal aux
indigestions, tranchées, coliques venteuses,
etc. (1).

La luzerne est moins dangereuse pour les
bêtes à laine et celles à cornes, même lorsqu'elle est servie chargée de rosée. Cependant si
la luzerne est nouvelle, si on la donne sans mélange et avec excès, elle a à peu près les mêmes
inconvéniens que le trèfle. Elle appète singulièrement le cheval, mais elle l'échauffe, lui
épaissit le sang, et lui cause le vertige abdo-
minal, dont les effets se portent plus spécialement à la tête, et qu'il est plus aisé de prévenir que de guérir.

L'esparcette ou sain-foin commun (*hedy-*

______

(1) Il faut consulter à ce sujet le superbe travail de
CHABERT, *sur l'indigestion des animaux ruminans,* inséré
dans le T. III, p. 170. — 228, des Instructions et Observations sur les maladies des animaux domestiques,
publiées par M. HUZARD, de l'Institut.

sarum onobrychis), qui, selon l'expression d'OLIVIER DE SERRES (1), *vient gaiement en terre maigre, et y laisse certaine vertu engraissante à l'utilité des blés qui ensuite y sont semés*, demande à peu près les mêmes soins que la luzerne; il produit un vert excellent, qui rarement incommode les animaux. La minette dorée (*medicago lupulina*), originaire, comme le sain-foin, des coteaux crayeux et arides; le raygras *lolium perenne*, toutes les légumineuses montées en graine, les lentilles (*ervum lens*), les diverses espèces de vesces (*viciæ*), de gesses (*lathyri*), les pois (*pisum sativum*), le goisil ou ervillier (*ervum ervilia* , le lupin (*lupinus albus*), sont aussi d'un très-bon emploi donnés en vert. On se sert également avec succès de différentes racines coupées par morceaux, telles que la disette (*beta vulgaris altissima*), le rutabaga ou navet de Suède, les panais (*pastinaca sativa*), le topinambour (*helianthus tuberosus*), la patate (*convolvulus batatas*), et surtout la carotte (*daucus carota*), qui donne aux vaches, aux brebis, aux chèvres, beaucoup de lait et un excellent beurre, et la

____

(1) *Théâtre d'agriculture*, IV lieu, chap. 5.

pomme de terre (*solanum tuberosum*) crue,
qui plaît à toutes les espèces d'animaux domestiques, quoique plusieurs économes l'ac-
cusent encore de leur nuire (1).

Dans nos départemens de l'Ouest, et notamment dans ceux de la Sarthe et de Maine-
et-Loire, on cultive en grand et en plein
champ la citrouille (*cucurbita pepo*), pour la
donner en vert aux bestiaux. Les vaches qui
en mangent la pulpe, fournissent beaucoup
de lait. On en donne aux porcs, et son usage
les fait croître, pour ainsi dire, à vue d'œil.
Dans le département de l'Ain, on la coupe
par morceaux pour les bœufs et les moutons,
qui en sont très friands. On évalue le rapport
d'un tiers d'hectare planté en citrouilles, à
douze ou quinze quintaux métriques de nourriture pour les bestiaux, par jour, pendant les

---

(1) Le bétail nourri toute l'année de pommes de terre
et en abondance, est toujours sain et d'un bon rapport.
Il faut seulement observer l'ordre le plus rigoureux et
la propreté la plus grande. La solanée parmentière doit
être bien lavée et préparée chaque jour au frais. On ne
la donnera qu'en portions médiocres, et on ne la
gardera jamais long-temps découpée dans des vaisseaux
clos et lors des fortes chaleurs, encore moins dans la
mangeoire, parce qu'elle s'échauffe très-facilement, et
tombe très-aisément en pourriture.

trois mois les plus secs, et ordinairement les plus disetteux en fourrages verts.

Nous avons essayé la pimprenelle (*poterium sanguisorba*), qu'un Français (1) a le premier soumise, chez les Anglais, à la culture en grand et en plein champ, ainsi que la grande chicorée (*cichorium intybus*), si recommandée par CRETTÉ DE PALLUEL (2); mais elles ont passé si vite, que nous nous en sommes tenus au sain-foin, au trèfle, à la luzerne ; le tout exploité en grand.

Il est des ménagères qui donnent en vert des chardons (*cardui*), des seneçons (*senecio*), des laîches (*carices*), les sarclures des jardins et des champs, et même les coquelicots (*papaver rhœas*), le peigne de Vénus (*scandix pecten*), qui ont des propriétés dont les unes sont vénéneuses, et les autres très-âcres, les orties (*urticæ*), et le domte-venin (*asclepias vincetoxicum*), auxquels les animaux ne touchent que lorsque la gelée les a frappés. Quel-

____

(1) M. ROCQUE, originaire de Tarascon, département des Bouches-du-Rhône.

(2) *Mémoire sur les avantages de la culture en grand de la chicorée*, inséré dans le vol. du printemps 1787, pag. 213 — 217, des Mémoires de la Société d'agriculture de Paris.

ques-unes les lavent, les mélangent ou les font bouillir, et jettent la première eau; il en est qui y ajoutent du sel. Les feuilles vertes des arbres sont aussi du goût des animaux; celles du frêne (*fraxinus excelsior*) ont besoin d'être examinées attentivement, à cause des cantharides qui s'y attachent souvent, et qui produiraient des effets funestes. Les plantes aquatiques, et surtout la massette (*typha latifolia*),et le roseau commun (*arundo phragmites*), agissent par leurs angles et leurs tranchans, sur les parois intérieures des organes digestifs; elles les irritent, les incisent, et produisent des indigestions qui n'ont de ressemblance, dans leurs effets, que par la mort qu'elles occasionent.

En Italie, les feuillages verts sont un des alimens les plus habituels des bœufs. L'usage en vient des premiers Romains (1). On le retrouve en France et dans la Grande-Bretagne, depuis la fin du quinzième siècle; mais dans ces dernières contrées, on se borne à un petit nombre d'espèces de feuilles, en donnant aux autres une exclusion non motivée.

______

(1) Cato, *de Re rustica*, 30, 54. Columelle, *idem.* V., 6, etc. Virgil., *Eclog.* I. 57.

Les laboureurs du Gévaudan, département de la Lozère, ramassent tous les matins les feuilles des arbres, pendant le temps des semailles de blé d'hiver, qui commencent vers la fin du mois d'août, et ils les servent aux bestiaux à l'heure du goûter. Ils donnent la préférence aux feuilles du frêne, qu'ils estiment plus propres qu'aucune autre, à soutenir les forces du bœuf qui fatigue (1). Pour avoir la feuille, ils cassent le pétiole le plus près possible de la branche, et disposent le produit de la cueillette en petites bottes de trente à quarante kilogrammes chaque.

Lorsque le soleil entre dans le signe de la Balance, des propriétaires ont coutume de retrancher des arbres les jeunes pousses, pour les donner en vert aux bestiaux. Ces jeunes pousses, molles et tendres, forment une très-bonne nourriture; les chèvres et les moutons surtout en sont fort avides. On ramasse aussi les émondures des arbres.

Les feuilles que l'on veut donner en vert doivent être cueillies dans la journée, et en

____

(1) Nous avons personnellement obtenu les mêmes avantages des feuilles de l'orme; toutes les espèces de bestiaux les aiment beaucoup.

quantité suffisante pour la consommation. On y habitue les jeunes bêtes, en leur offrant d'abord les feuilles de l'aune (*alnus communis*), qui les appètent, et l'on arrive insensiblement aux feuilles du chêne (*quercus robur*), à celles de l'yeuse (*quercus ilex*), qui sont moins tendres et plus amères; et enfin, à celles du fusain (*evonymus europæus*), que l'on accuse, à tort, de causer aux bêtes à laine en particulier, un grand nombre d'indispositions, et de les exciter à un vomissement, pour ainsi dire, de tous les instans. Sans doute, ce joli arbrisseau de nos haies et de nos bois exhale de ses différentes parties une odeur nauséabonde, qui en écarte presque tous les animaux; cependant ils mangent ses feuilles, sans en éprouver de violens effets, comme on se plaît à le dire encore. On a renfermé plusieurs moutons, auxquels on n'a pas donné d'autre nourriture. Les plus jeunes en ont mangé de suite, mais les adultes les ont d'abord refusées : cette répugnance a bientôt cessé; tous en ont mangé, et pendant une semaine entière, ils n'ont pas eu autre chose. Aucun n'en a été incommodé, et après quelques jours d'épreuve, ils sont rentrés au bercail en pleine santé.

RETOUR A LA NOURRITURE SÈCHE. — Pour retirer les animaux du vert, on doit apporter la même succession de soins, que l'on en a eu pour les y mettre ; autrement ils languissent long-temps avant d'avoir repris l'habitude du régime sec ; ils tombent dans une indolence qui les fait juger impropres au service, tandis qu'on leur eût immanquablement conservé des forces suffisantes, si l'on eût su les conduire avec les ménagemens nécessaires. On doit leur donner du son farineux humecté et les mettre à l'eau blanche pendant quelques jours, sans leur retrancher totalement l'avoine, dont ils sont tous très-avides.

Pour préparer insensiblement à ce passage de la nourriture verte à la nourriture sèche, les habitans du village de Blankenloch, dans l'Etat de Bade, se servent des racines ligneuses du trèfle rouge, de Hollande (*trifolium pra-tense purpureum*). Les animaux les mangent très-bien, lorsqu'il n'y a plus aucune autre nourriture verte. Sans doute on objectera les frais de main d'œuvre qu'exige l'éradication ; mais, lorsqu'il est question de la conservation des bestiaux, ne doit-on pas toujours calculer l'intérêt le plus durable et le plus pressé ? Il y a des circonstances, dans la vie agricole où c'est faire preuve d'économie, que de n'être pas économe.

§ III. — *Mélanges ou substances alimentaires composées.*

Nous venons de voir qu'il y a dans l'année deux époques de souffrance pour les animaux herbivores ; l'une arrive à la fin de l'hiver, lorsque les provisions sont consommées, et qu'on n'a pas encore de nouveaux fourrages ; l'autre, lorsque tous les champs sont ensemencés, et qu'il faut attendre l'enlèvement des récoltes pour envoyer à la pâture sur les chaumes et les regains. Dans la première période, on a l'usage de conduire les bêtes aux bois, pour y manger les jeunes feuilles des arbres, et surtout les bourgeons styptiques du chêne (*quercus robur*) et du châtaignier (*castanea vulgaris*) : c'est une ressource toujours dangereuse, et le plus souvent fatale, qui cause l'inflammation gangréneuse de l'estomac, à laquelle on donne le nom de *mal de brout* (1). Dans la seconde période, dite *saison*

____

(1) Consultez, sur cette maladie, le Mémoire de Chabert, inséré dans le vol. de la Société d'agriculture de Paris, 1787, trimestre d'hiver, pag. 52 — 85.

I.   4

des étroits, le retard de la végétation des herbages sera tout-à-fait insensible, si, comme l'Arabe du Désert, qui donne le lait des chameaux à son cheval, lorsque toute autre nourriture lui manque, le cultivateur veut avoir recours aux mélanges.

Les mélanges sont composés de substances diverses, réunies dans la vue de corriger les propriétés des unes par celles des autres, et d'en retirer un aliment également sain et agréable. Il y en a de deux sortes : les uns, que les Anciens nommaient *farrago* (1), et que nous appelons aujourd'hui *dragées* et *bisailles*, s'opèrent par les semences jetées confusément, au mois de septembre, dans une terre bien préparée. On varie à volonté ces semences, selon l'objet proposé, et l'animal qu'on veut nourrir; mais le mélange le plus estimé est celui dans lequel on fait entrer la fève de marais (*faba major*), le senegré (*trigonella fœnum-græcum*), le pois gris (*cicer arietinum*), le trèfle (*trifolium pratense*), la luzerne (*medicago sativa*), les lentilles, les vesces, l'avoine, les criblures de froment et autres cé-

____

(1) VARRO, *de Re rustica*, I. 31. COLUMELLE, II. 7. 11. PLINE, *Hist. natur.*, XVIII. 16.

réales : il se récolte en vert au printemps, ou
bien on le fait manger sur pied aux bestiaux.

Les autres mélanges, appelés *buchès*, s'opèrent sur des substances mortes. Ils sont en
grand nombre ; nous citerons seulement les
principaux.

Le plus ancien de tous, l'*ocymum*, si vanté
par les écrivains agronomiques de l'antiquité (1), était composé de racines et de légumes farineux de diverses sortes, que l'on dé-
layait parfois dans de l'eau chaude ou froide.
Nos cultivateurs le connaissent : il est d'un
usage presque général.

Des fruits et des racines, soit crus, entiers
ou coupés, soit cuits ou fermentés, donnés
alternativement avec des fourrages secs, produisent les résultats les plus avantageux. On
en calcule les proportions, selon que la chair
ou pulpe des fruits et racines est compacte et
agglutinée, ou légère et farineuse, selon
qu'elle contient plus ou moins d'eau de végétation. L'expérience nous a démontré que les
bons effets qu'on en obtient sont encore plus
marqués quand, après les avoir fait cuire, on

---

(1) CATO, *de Re rustica*, 27. 53, 54, etc. VARRO,
I. 31. PLINE, *Hist. natur.*, XVIII. 16.

administre ces fruits et racines avant qu'ils
soient refroidis. C'est une erreur de croire
qu'ils sont plus aqueux après la cuisson, que
dans l'état de crudité : l'eau de végétation qui
les constitue se réunit par l'action du calori-
que avec les autres principes, s'y combine et
acquiert la propriété nutritive. La même
chose a lieu dans les substances sèches : l'eau
qu'elles absorbent pendant la cuisson, devient
éminemment nutritive.

Chez des propriétaires instruits, nous avons
vu donner la luzerne prête à fleurir avec du
sain-foin ou du trèfle et de la betterave (*beta
vulgaris altissima*), des carottes et des pommes de terre crues, coupées en tranches fines.
Les bestiaux mangeaient ce mélange avec une
grande avidité, et le digéraient très-bien. Les
chevaux en étaient plus vigoureux, les bœufs
et les vaches de service et de produit, ainsi
que les troupeaux de bêtes à laine, décelaient
la plus brillante santé, la meilleure tenue.

D'autres cultivateurs, non moins recom-
mandables, emploient depuis plusieurs années, et avec un succès toujours nouveau, les
fanes de pommes de terre, les tiges des pois,
des fèves, des carottes, et même les bourgeons
du sapin (*pinus picea*) hachés et desséchés,

mêlés ensuite avec du trèfle de la seconde
coupe, un peu de paille, et saupoudrés de
muriate de soude ou gros sel.

D'autres se sont fort bien trouvé de la graine
de lin (*linum usitatissimum*) bouillie en gelée, mêlée, quand elle est refroidie, avec de
la farine d'orge (*hordeum vulgare*), du son
ou de la paille hachée.

Dans quelques parties des départemens les
plus voisins de la Capitale, on nourrit, avec
autant d'économie que de succès, les chevaux,
au moyen d'un mélange composé de paille
hachée, un peu d'avoine et d'orge écrasées
sous la meule; le tout mouillé très légèrement
avant de l'administrer. Non seulement le
cheval, mais encore tous les animaux de fatigue, mangent cette préparation avec appétit,
et y reviennent avec plaisir.

Les Romains, qui nourrissaient leurs bestiaux de feuilles d'arbres aussi long-temps qu'il
était possible, corrigeaient leur trop grande
verdeur, en répandant dessus, et à pleines
mains, le marc de raisin et le gros sel (1).
Nous avons retrouvé des vestiges de cet usage
dans plusieurs contrées, mais plus particuli-

____

(1) CATO, *de Re rustica*, 54.

rement aux environs de Vérone, dans la Lombardie. On y creuse une fosse assez profonde, qui s'emplit d'abord à moitié de feuilles de peuplier pyramidal (*populus fastigiata*), de chêne (*quercus robur*), de figuier ((*ficus carica*), de frêne (*fraxinus excelsior*), de lierre (*hedera elix*), de laurier (*laurus nobilis*), d'orme (*ulmus campestris*), surtout nouvellement cueillies ; puis vient une couche de six à huit décimètres d'épaisseur de grappes vertes et dans l'état de verjus ; on choisit celles dont le raisin menaçait d'être de mauvaise qualité (1). Sur cette couche le cultivateur met un second lit de feuilles, recouvert d'une autre couche de grappes de même épaisseur, et ainsi alternativement, jusqu'à ce que la fosse soit remplie. On place sur le tout de la paille et de la terre que l'on tasse bien, pour empêcher l'air de pénétrer. De la sorte, les feuilles se conservent très-fraîches ; elles ne sont sujettes ni à s'échauffer, ni à fermenter ; elles s'imprègnent d'un goût particulier, qui en fait un fourrage excellent, très-aimé de

---

(1) Dans les années où la vigne est trop chargée de raisins, on en ôte beaucoup, même de belle apparence, pour faciliter la maturité de ceux qu'on laisse.

tous les animaux; il les engraisse promptement, quand il leur est donné en quantité suffisante.

Les Suédois font usage des feuilles des arbres verts; mais ils ont soin de les broyer ou hacher, et d'y ajouter une petite quantité de son ou d'avoine et de sel; ils évitent d'employer l'if (*taxus baccata*), dont les propriétés vénéneuses ne sont pas moins actives dans l'état de verdure et dans celui de dessiccation.

Ailleurs, on mêle aux feuilles annuelles un peu de son ou de menue paille d'avoine, ou bien, ce qui est préférable encore, on fait bouillir les feuilles dans de l'eau blanche, et on y ajoute des gâteaux de marc de différentes plantes oléagineuses, ou les résidus des brasseries. Les vaches, les chèvres et les cochons, ainsi que toutes les volailles, s'accommodent volontiers de cette nourriture.

§. IV. — *Du muriate de soude ou gros sel.*

Tous les animaux domestiques ont un goût décidé pour le sel marin ou gros sel (le *muriate de soude* des chimistes), depuis le pigeon, que l'on voit gagner à tire d'ailes les sources salées, les rivages de la mer, et chercher dans les falaises cette substance, qui le

préserve d'un grand nombre de maladies (1), (
jusques à la vache, au cheval, au mouton,)
qui lèchent les pierres des étables, et surtout)
les murailles faites en plâtre, où se forme et)
se reproduit sans cesse un véritable sel de)
nitre. Les bêtes sauvages elles-mêmes en sont)
également friandes. C'est l'assaisonnement)
le plus commun, le plus salutaire, et, à)
ce qu'il paraît, le plus indispensable; du
moins, on n'a pas encore découvert jusqu'ici
un seul peuple qui n'en fît usage. Il est également très-avantageux de le mêler aux alimens
destinés aux bestiaux.

. . . . . *Sals asque ferat præsepibus herbas*,

dit VIRGILE (2) : c'est une indication de la nature qu'on ne viole pas impunément. Il n'y a
pas de règles générales bien positives sur la
manière de l'administrer, il faut étudier le
goût, les besoins et l'état de santé des animaux,
et avoir en outre égard aux localités, à la na-

---

(1) Les plus beaux pigeons fuyards de colombier se
trouvent en Égypte, où le natrum abonde, sur les
terres délaissées par le Nil. Ceux de Mouvièse-Tartonne
département des Basses-Alpes, où l'on voit un nombre
infini de fontaines salées, sont très-recherchés, comme
un mets savoureux et excellent.

(2) *Georg.* III. 395.

ture des alimens et aux dispositions atmosphé-
riques. Ses effets sont de provoquer l'appétit
et la soif, d'aider à la digestion, de faciliter
les sécrétions, de prévenir et diminuer l'intensité de bien des maladies, de celles surtout
qui sont déterminées par une privation de
force. Il entretient l'embonpoint, augmente l'abondance du lait, et lui donne
une qualité supérieure. Il est important d'en
semer sur les fourrages ; plus l'herbe est in-
térieurement aqueuse, plus le sol du pacage
est humide ou marécageux, plus le sel est nécessaire. Ce ne serait pas entendre ses intérêts,
que de le refuser surtout aux bêtes de fatigue.
Dans les saisons pluvieuses, donné de temps
à autre, il est fort utile ; mais il n'est point
nécessaire au voisinage de la mer, sur une
étendue d'un myriamètre de ses bords, parce
que les vents qui roulent sur les flots, se sa-
turent de parties salines, qu'ils déposent en
abondance sur les plantes. Dans les plaines
embrâsées du midi, là surtout où les bêtes
à laine ne sortent jamais de l'étable ou du
parc, avant que la rosée ne soit dissipée,
l'usage du sel est également inutile. Il n'en est
pas de même pour les contrées septentrionales,
où il pleut souvent, et où la chaleur est mo-

dérée ; il faut une substance qui redonne du
ton à l'estomac trop relâché ; aussi l'usage du
sel y est-il indispensable. En en mettant couche par couche sur le foin de mauvaise qualité
ou détérioré, tel que celui qui a été récolté
sur des prairies basses et souvent inondées,
ou qui a été lavé et terré par les eaux de rivières, celui même qui est presque pourri,
on le convertit en bon fourrage, que les bestiaux mangent avec plaisir.

Joint aux alimens, le sel augmente la partie
nutritive que ces mêmes alimens fournissent ;
il augmente encore l'excellence du suc nour-
ricier des meilleures plantes. En voici une
preuve. Dans le territoire de la ville d'Arles,
département des Bouches du Rhône, se trouve
compris un petit canton nommé la *Crau*, où
l'on élève un nombre prodigieux de bêtes à
laine ; les agneaux y réussissent malgré la rigueur de l'hiver, à laquelle ils demeurent
exposés, faute de bergeries pour les mettre à
couvert. Les moutons nourris sur cette plaine
dénuée d'arbres et de broussailles, où ils sont
obligés de retourner les pierres de différentes
grosseurs, dont elle est couverte, pour manger
l'herbe qui se trouve dessous, sont sans exagé-
ration les plus beaux moutons de nos provinces

méridionales, nous pourrions même dire de toute la France. On ne doit attribuer un effet aussi surprenant, qu'au sel qui abonde dans la Crau. En effet, dans le département du Gard, du côté du Rhône opposé à ce tteplaine pierreuse et à-peu-près à la même distance du fleuve, on trouve un canton couvert des mêmes cailloux, mais boisé et riche en b annes terres, où les troupeaux sont peu nombreux, moins brillans, parce que les plantes qui les nourrissent, sont absolument privées de substances salines.

Chacun a sa méthode pour administrer le sel. Les uns en mettent un gros morceau dans le milieu de l'étable, ou bien en remplissent des sacs, qu'ils placent de distance en distance, afin que les animaux viennent les lécher; ce n'est point la meilleure manière. Les autres en donnent à chaque tête de bétail une poignée tous les quinze jours : c'est beaucoup trop à la fois. D'autres encore l'administrent, particulièrement aux vaches, en en saupoudrant de petites tranches de pain : sans doute cette méthode est très-simple ; elle évite l'inconvénient du sel qui peut tomber ou s'attacher sur la peau de l'animal, et celui très-grave d'augmenter l'habitude qu'ont tous les bestiaux, les ruminans surtout, de se lécher les uns les autres, d'entraîner ainsi le poil avec la langue, et de charger l'estomac de gobbes ou égagropiles (1). La meilleure méthode est de faire dissoudre le sel dans une suffisante quantité d'eau, et d'en arroser le fourrage qui doit être employé le lendemain. On regarde souvent à la dépense; elle est bien faible ici en comparaison des avantages qu'on retire de l'amélioration et de la bonne santé des animaux. D'ailleurs, il y a économie réelle, puisque six kilogrammes de fourrage salé nourrissent autant, pour ne pas dire davantage, que huit et dix dans l'état naturel.

Les doses sont, pour le bœuf ou la vache, de trente-six grammes, ou une once par jour; vingt grammes ou cinq gros pour le cheval; et pour chaque centaine de bêtes à laine un demi-kilogramme, ou une livre. Il vaut mieux employer la dissolution du sel, et la répandre sur le fourrage et les provendes, que de le donner en substance. Pour les chevaux, les ânes et les mulets, on imbibe

____

(1) M. Da Olmi a donné, sur l'égagropile, un excellent mémoire, que nous avons publié dans notre premier volume de la *Bibliothèque Physico-Économique*, pour l'année 1817, pag. 253. — 260.

l'avoine d'eau saturée de sel, dont on prépare une quantité suffisante pour cinq à six jours d'avance. Le grain humecté pendant quelques journées de cette liqueur, en devient plus nourrissant, et d'une digestion très-facile.

§. V. — *Des boissons.*

L'eau n'est pas moins nécessaire aux animaux, qu'une nourriture solide ; elle accélère la digestion, et devient aussi une cause de bon chyle et de la richesse du sang. Il faut laisser boire à volonté les animaux, quand ils vont au pâturage ou qu'ils en reviennent ; et lorsqu'on les nourrit au sec, on doit les y conduire au moins deux fois par jour, le matin de bonne heure, tard le soir, et toujours après avoir bien mangé. Malgré l'opinion contraire, ce principe doit s'étendre à toutes les espèces d'animaux, même à la bête à laine.

Les eaux limpides des rivières, des ruisseaux et des fontaines, sont les meilleures ; celles des lacs et des étangs, qui ont de l'écoulement, tiennent le second rang ; les plus mauvaises sont celles qui croupissent, celles des mares, des fossés, des marais, des sillons ; elles sont le plus souvent chargées de sels âcres et caustiques ; elles contractent en été une odeur et une saveur désagréables, qu'elles doivent aux matières animales et végétales qui se décomposent sans cesse dans leur sein. L'eau des puits et des citernes, l'eau de pluie, en un mot, toute eau non courante a besoin d'être battue ou fortement agitée, exposée quelque temps au contact de l'air, et avant de permettre aux animaux de s'en abreuver, il est bon d'y ajouter un peu d'acide végétal, tel que le vinaigre (1). On épure encore les eaux malsaines, en les filtrant, soit à travers le sable pur ou des pierres poreuses, soit à l'aide du charbon de bois; ce que nous préférons, comme le moyen le plus expéditif et le plus certain (2).

----

(1) La dose est d'un verre par chaque seau.

(2) Les filtres de charbon sont dus au docteur Lowits de Pétersbourg. Leur invention date de l'an 1805. Ils assurent partout la salubrité des eaux. Les meilleurs charbons à employer, sont ceux du chêne (*quercus robur*); viennent ensuite ceux du lilas (*syringa communis*), du hêtre (*fagus sylvatica*), de frêne (*fraxinus excelsior*), de racine de bruyère (*erica vulgaris*); ceux de bois légers, de peuplier (*populus alba*), et de tremble (*populus tremula*), sont les plus mauvais. Voyez notre *Mémoire sur le charbon considéré dans ses propriétés écono-*

L'eau qui provient de la fonte des neiges, sans être absolument dangereuse, offre néanmoins quelques inconvéniens assez graves ; elle relâche beaucoup, provoque, le plus ordinairement, une toux violente, l'engorgement des glandes maxillaires ; il n'est donc pas convenable d'en faire usage, quoique DAUBENTON (1) ait remarqué que des moutons, échauffés et altérés par des nourritures sèches, pouvaient manger de la neige sans en être incommodés.

Les animaux pressés par la soif, ne sont pas difficiles sur le choix de l'eau ; qu'elle soit trouble et non courante, pourvu qu'elle n'ait ni odeur ni goût particulier, ils en boiront sans témoigner la moindre répugnance ; leur santé n'en sera pas sensiblement altérée, si la chose ne se renouvelle pas trop souvent ; car, c'est un préjugé de croire que des animaux habitués de bonne heure à boire les eaux croupissantes et fangeuses, n'en éprouvent aucun dérangement ; les gazs délétères dont

---

miques, T. XL de la Bibliothèque des propriétaires ruraux, pag. 166. — 184.

(1) *Instruction pour les bergers et les propriétaires de troupeaux.*

ces eaux sont imprégnées, portent tôt ou tard le désordre dans les fonctions vitales, et amènent infailliblement la mort. L'usage habituel de l'eau trouble ne présente pas moins de dangers. Chargée d'une plus ou moins grande quantité de parties terreuses, calcaires ou argilleuses, elle donne lieu dans les intestins à la formation des bézoards, espèces de calculs fort douloureux, auxquels on attribuait jadis de grandes vertus ; elle cause des obstructions dans le bas-ventre, d'où résulte en définitif le dépérissement total de l'individu. Ces effets des mauvaises eaux se remarquent dans toutes les espèces d'animaux, sans en excepter le cheval, quoi qu'en aient pensé les géopones, depuis ARISTOTE (1), jusqu'au cultivateur de Pradel (2).

Le temps et la manière d'abreuver les bestiaux, sont étroitement liés aux élémens de leur conservation. Cependant on néglige assez communément ces deux points de l'hygiène animale. En économie rurale, les plus petits

______

(1) *Hist. Animal.*, **VIII**. 8.

(2) OLIVIER DE SERRES, *Théâtre d'Agr.*, lieu **IV**, chap. 7. Il faut lire à ce sujet ce que BOURGELAT dit, dans son *Traité de la conformation extérieure du cheval*, §. 75, pag. 383 et suivantes.

soins sont nécessaires, si l'on veut éviter des pertes graves et difficiles à réparer. C'est pourquoi nous allons entrer dans quelques détails à cet égard.

On ne doit point conduire à l'abreuvoir, ni donner à l'écurie une eau trop fraîche à l'animal échauffé par un violent exercice ; il en résulterait des coliques, des répercussions toujours dangereuses, et quelquefois même la mort. Il faut également éviter de le mener se désaltérer dans le voisinage des sources constamment froides, des fontaines, des ruisseaux et des rivières. L'eau qui lui convient est celle qui a perdu son excès de fraîcheur par un séjour de plusieurs heures dans l'auge ou tout autre vaisseau ; c'est aussi celle qu'on lui présentera pendant les grandes chaleurs de l'été. En hiver, au contraire, on aura grand soin de lui offrir l'eau immédiatement après qu'elle aura été tirée, et avant qu'elle ait reçu, par son contact avec l'atmosphère, un degré de froid trop considérable. Il sera bon d'y ajouter un peu de son de froment ou de farine d'orge, et de ne point la porter à l'écurie, car il est important que l'animal fasse un peu d'exercice avant et après avoir satisfait sa soif.

Les animaux qui boivent trop, de même que ceux qui ne boivent pas assez, dépérissent sensiblement ; les maladies dont on les voit frappés, sont d'autant plus graves, que la nourriture sèche qu'ils reçoivent, leur donne une tendance plus ou moins déterminée vers les affections inflammatoires. La soif se fait sentir vivement dans les grandes chaleurs et dans les fortes gelées, parce que, dans l'un comme dans l'autre cas, l'air est privé de la majeure partie de son humidité; en desséchant les poumons, il provoque le besoin de boire ; il faut donc alors fournir chaque jour aux animaux la possibilité d'étancher leur soif, mais éviter en même temps, avec le plus grand soin. qu'ils ne se gorgent à l'excès ; ce qui les ferait enfler rapidement ; et qu'ils ne boivent des eaux trop froides ou trop crues, dont les effets, ainsi que nous venons de le dire, ne sont ni moins fâcheux ni moins prompts.

L'eau de l'abreuvoir doit être maintenue toujours propre, pure de fange, et libre de cette multitude de larves, d'entomostrates et de vers, que l'on remarque si souvent dans la plupart des réservoirs. Veillez encore à ce que les eaux qui s'échappent des écuries, des fumiers et des cuisines, ne viennent s'y rendre ; éloignez-en les canards, les oies, les cochons, parce qu'ils agitent sans cesse la vase ; enlevez les plumes que les vents pourraient y porter, elles causent des toux convulsives aux animaux qui les avalent : battez-en souvent les eaux, ou ce qui serait doublement économique, comme on le pratique dans plusieurs parties de l'Allemagne, peuplez-les de poissons, surtout de l'espèce dite *karaische* ou *carassin*, qui réussit très-bien dans les plus petites mares. La chair en est fort délicate et presque sans arêtes (1).

Outre l'eau ordinaire, on administre encore aux animaux domestiques des eaux blanches, acidulées et miellées ; mais c'est particulièrement lorsqu'ils sont malades, ou qu'on veut les engraisser. Nous n'en parlerons donc pas en ce moment.

SECTION II.

Du lieu propre à la nourriture.

Le lieu le plus convenable pour donner la nourriture aux animaux, est un objet de

____

(1) C'est le *cyprinus carassius* de BLOCH. Il appartient au genre des carpes larges, ne croît que lentement, et atteint rarement plus de vingt centimètres de long.

controverse parmi les écrivains agronomiques. Les uns soutiennent que la nourriture à l'étable est la méthode la plus avantageuse ; les autres, au contraire, la regardent comme entraînant avec elle les suites les plus funestes, et préfèrent la nourriture prise sur le terrain même qui la produit. L'une et l'autre de ces deux opinions a son bon et son mauvais côté. Il faut consulter l'expérience, discuter les faits : c'est en suivant cette marche, que nous découvrirons le meilleur système d'entretien, celui qui sera le plus convenable aux localités et aux intérêts du moment.

§. Ier — *De la nourriture hors de l'étable.*

La nourriture hors de l'étable se prend ou sur des terrains communaux, ou bien dans des pâturages privés, situés le plus près possible de la ferme. Les terrains communaux sont ordinairement dans un pauvre état ; les plantes y croissent mal, et donnent par conséquent une mauvaise, ou tout au moins une fort médiocre nourriture. Aucun animal ne peut y prospérer ; l'herbe molle et languissante qu'ils offrent au commencement du printemps, se trouve épuisée dans quelques instans, et le froissement que cause la marche des bestiaux, prive les plantes prêtes à se développer, des premières impulsions de la nature, dont les prés ont particulièrement besoin. De là les nombreuses réclamations élevées contre le système ancien du parcours et de la vaine pâture; système que des agronomes regardent comme la cause première du dépérissement des animaux, comme un véritable fléau de la propriété rurale, et par suite, un obstacle à toute amélioration dans la culture des prairies; tandis que d'autres en demandent la conservation, comme un moyen certain d'avoir de nombreux troupeaux, de conserver le mérinos, l'une des plus importantes conquêtes que nous ayons faite sur nos voisins, et surtout de détruire ces désastreuses jachères ou *versaines*, dont la vieille routine asservit encore tant de propriétaires et de fermiers. Mais en maintenant les lois relatives à la vaine pâture, ils veulent que le droit qu'elles donnent soit assis sur des bases fixes, invariables, et qu'on adopte toutes les modifications exigées par la nature des terres et le genre de culture auquel elles sont soumises.

A peine la terre entr'ouvre-t-elle son sein

aux premiers rayons du printemps; à peine
aperçoit-on les premières pousses des plantes
les plus hâtives, que l'on met aussitôt les
bestiaux à déprimer les prairies artificielles:
cette pratique est très-vicieuse. Arrêtée dans
son premier élan végétatif, l'herbe ne peut
s'élever autant qu'on pouvait l'espérer; la
coupe en est retardée, et ce qui est encore
plus fâcheux, elle devient dure et moins savoureuse. Une autre pratique également nuisible, quoique le temps et l'habitude l'aient
en quelque sorte consacrée chez la presque
totalité des cultivateurs français, est celle
d'abandonner les bestiaux dans les prés naturels, immédiatement après la levée des
foins, jusques aux dernières journées de l'hiver. Les pieds du cheval enfoncent le sol, y
laissent des empreintes où l'eau séjourne et
pourrit les plantes qui, d'un autre côté, ne
peuvent plus être atteintes par la faux, ni
laisser aux racines la possibilité de se prolonger. Sa dent tranchante saisit les bourgeons
qui commencent à sortir, et ronge jusqu'au
collet de la racine, que son urine dessèche et
brûle. Les pieds, et surtout la dent du mouton, produisent les mêmes effets. Les bœufs,
pour être moins nuisibles, ne laissent pas

cependant que de faire beaucoup de tort. L'évasement et la bifurcation de leurs pieds, s'opposent à ce qu'ils enfoncent le sol; l'épaisseur de leurs lèvres, et la construction de leurs dents, empêchent qu'ils ne rongent les plantes d'aussi près; mais la secousse qu'ils leur donnent avec l'espèce de râpe dont leur langue est tapissée, les arrache lorsqu'elles sont jeunes, et qu'elles ne sont pas encore enfoncées très-profondément; et si le sol est humide, elles sont ébranlées de manière à ce qu'elles périssent bientôt après. Voilà pour le terrain.

Les effets de l'une et de l'autre de ces deux pratiques ne sont pas moins désastreux pour les animaux. Exposés sur des pâturages presque nus, on les voit le plus souvent réduits à dévorer ce qu'ils peuvent arracher des haies et des broussailles, et à surcharger ainsi leurs estomacs d'alimens grossiers, indigestes. Les gelées, la pluie, les vents glacés qui les pénètrent, jettent dans leurs corps délàbrés des fermens de maladies, que les ardeurs de l'été développent ensuite d'une manière funeste. Cette saison elle-même ne leur est pas moins dangereuse; ils sont assaillis par les mouches, les taons, et par une infinité d'autres insectes; si un bourbier d'eau croupie, verte et puante se rencontre sous leurs pas; ils s'y désaltèrent, ou pour mieux dire s'y empoisonnent; enfin, ils trouvent la cause de nombreuses indispositions, dans le miellat qui, à la suite des grandes chaleurs, transsude des bourgeons, des feuilles, des tiges, des fleurs, même des fruits, et descend du haut des arbres sur des plantes déjà trop succulentes. Sont-ils plus heureux en automne? Non certes. En effet, si le pâturage est maigre, la ressource qu'ils y trouvent est très-mince, et s'il est riche, en paissant l'herbe chargée d'une abondante rosée ou d'une pluie froide, ils tombent dans l'épuisement, et meurent bientôt, si on ne leur apporte de prompts remèdes. Ceux qui résistent à ces dures épreuves, soutiennent à peine leur chétive existence; ils ne tardent pas à arriver au dernier période de la dégradation. Les chevaux de l'Ile-Dieu, département de la Vendée, en sont une triste preuve.

Le fumier que les animaux répandent çà et là, est en pure perte pour l'agriculture. Tels qu'ils sortent du corps, l'urine et les excrémens, loin d'être un bon engrais, brûlent les plantes qu'ils touchent. La terre n'en profite pas; dévorés par les insectes, ils n'en laissent souvent aucun vestige ; desséchés par le soleil, leurs principes fertilisans s'évaporent, et n'offrent plus qu'une parcelle de résidu inutile, que le vent chasse au loin, que la pluie délave et entraîne.

Outre la perte d'un engrais qui serait devenu précieux, étant soigneusement ramassé et entassé, l'économe rural s'en prépare une plus grande encore, en laissant ses bestiaux constamment hors de l'étable. D'une part, les loups et les vagabonds malfaisans les menacent sans cesse ; de l'autre, les intempéries de l'atmosphère les exposent à mille dangers divers. C'est aux pâturages que les épidémies prennent naissance ; c'est là que la contagion est plus rapide, plus meurtrière, et qu'il est impossible d'en arrêter promptement les effets.

On sent bien qu'il n'est pas question ici des animaux que l'on envoie pendant les six plus beaux mois de l'année sur les hautes montagnes, les Alpes, les Pyrénées, les Cévennes, le Jura, les Vosges, etc., et où ils paissent une herbe fine, délicate, et rendue odoriférante par le cistre *athamanta meum*, dont les feuilles capillaires d'un beau vert sont, en mai, couronnées de jolies fleurs blanches. Là, les bestiaux n'éprouvent jamais

I.   5

un appétit dévorant, et ne connaissent aucune
des maladies auxquelles sont en proie ceux
que l'on tient habituellement dans les pâturages des vallées ou des plaines. Après s'être
rempli la panse, ils se retirent dans un lieu
tranquille, pour se livrer ensuite aux plaisirs
que la liberté rend plus vifs et plus délicieux.

La coutume d'envoyer les troupeaux loin
du maître, dans des contrées exclusivement
destinées à la paisson, existait chez les anciens
Romains. Les bois, les montagnes, dont la
République s'était réservé le domaine, étaient
affectés à cet usage (1). L'hiver, on les condui-
sait dans une province, l'été dans une autre (2).
Les conducteurs emportaient avec eux tout ce
qui pouvait servir à dresser des parcs et des
abris (3). C'est encore ainsi qu'en agissent les
Espagnols, les Napolitains, et tous les habitans de pays voisins des montagnes.

Dans les excellens pâturages, qui sont une
source de richesses pour les cultivateurs de nos
départemens de l'Orne, des Côtes du Nord,

------

(1) Varro, *de Re rustica*, II, 1, 2. Plin., *Hist. nat.*,
XVIII. 5.
(2) Varro, loc. cit., ci cap. II.
(3) Varro, loc. cit., 2 et 10.

de la Manche, du Calvados et de la Seine-Inférieure, et plus particulièrement encore pour ceux du pays de Bray, département de l'Eure, on fait parquer les bestiaux depuis le mois de mai jusqu'au milieu de novembre. Ils y prospèrent, parce que la prairie sur laquelle on les tient nuit et jour, est avantageusement située dans le voisinage de la ferme ; elle est divisée par portions, au moyen de haies vives, et mise successivement à leur disposition. L'herbe y est broutée d'une manière régulière, et le piétinage cause à peine une perte sensible : il ne nuit nullement à la repousse. On y met d'abord les chevaux, ensuite les bœufs et les vaches, puis les moutons. La tonte est ainsi complette ; les uns mangeant les espèces de végétaux que les autres avaient laissées. Quant au fumier, on le néglige dans ces contrées ; les varecs (1) qui abondent sur les plages de l'Océan, y fournissent un engrais excellent, qu'on emploie tel que la marée l'apporte, ou bien lorsqu'après avoir été séchées, ces substances marines ont servi de litière.

Ainsi, quand on veut nourrir ses bêtes

---

(1) On les appelle aussi *gvémons* et *sarts.*

hors de l'étable, il faut avoir des prairies sèches, bien exposées, et, comme nous l'avons
déjà dit, composées de plantes choisies, et par-
courant à peu-près en même temps les phases
de leur végétation; il faut que leur étendue
soit proportionnée au nombre des têtes de
bétail qu'on veut nourrir, qu'elles soient
voisines de la ferme, et divisées par portions
assez grandes, pour que les animaux puissent
marcher, changer souvent de place, et se livrer à leurs habitudes.

§. II. — *De la nourriture prise à l'étable.*

La méthode de nourrir les animaux dans
l'intérieur de l'étable, ou plutôt dans les cours
spacieuses de la ferme, remonte au milieu du
dix-huitième siècle. Elle est due à SCHUBART
de Klerfeld, qui, guidé autant par les conseils
d'une saine théorie, que par les lumières plus
sûres encore de la pratique, introduisit, le
premier, la culture en grand du trèfle à
fleurs rouges et à longs épis touffus (*trifolium
rubens*), après avoir acquis la certitude que
cette plante fourragère était moins dangereuse
donnée à l'étable, que mangée sur tige. C'est
donc à tort que les Anglais, toujours disposés

à s'emparer des découvertes les plus utiles, pour se les approprier, s'en disent les inventeurs, puisque long-temps avant eux, les Allemands avaient cessé de tenir habituellement les bestiaux dans les pâturages. J. Frédéric Mayer, pasteur à Kupferzelle, près Francfort, le même à qui l'on doit la découverte de l'engrais du plâtre sur les trèfles, montra les avantages de la nouvelle méthode, dans un mémoire publié en 1769, par la Société d'agriculture de Clagenfurt, en Styrie (1).

Cette méthode augmente tous les ans le nombre de ses partisans; en Suisse et en Prusse, dans le Palatinat et la Franconie, chez les propriétaires de la rive gauche du Rhin et les Belges, nos voisins, je devrais dire nos frères légitimes, elle obtient les plus brillans succès depuis un demi-siècle. Cependant on fait plusieurs objections; les unes telles que l'obligation d'avoir des bâtimens constr...

---

(1) Il remporta le prix au concours ouvert, dès 1.6., par cette Compagnie, sur la question suivante : *Est-il plus avantageux de nourrir les bêtes à cornes dans les étables, que de les faire pâturer, soit à cause du fumier, soit par rapport à l'utilité directe qu'on tire des bestiaux ?*

exprès, la nécessité des litières, et le domestique plus nombreux qu'exige la nourriture
donnée par petites portions, ne méritent pas
qu'on s'y arrête : la moindre réflexion suffit
pour en apercevoir la futilité. Les dépenses
que l'on oppose ne peuvent en aucune manière être comparées aux bénéfices qu'assurent
le gouvernement bien entendu des animaux,
et leurs produits en tous genres, lorsqu'ils sont
nourris à l'étable.

La plus spécieuse des objections par lesquelles on combat la méthode dont nous nous
entretenons, est tirée de l'absence d'un air libre, ambiant, et du défaut d'exercice.

Sans doute, les animaux gagneraient à demeurer entièrement libres, comme les moutons en Espagne et en Angleterre, ou comme
les bœufs ou les buffles, dans les plaines de
la Camargue, à l'embouchure du Rhône, et
dans les maremmes de la Toscane, s'ils vi-
vaient sous des climats habituellement doux
et tempérés. Mais exposés presque partout
aux rigueurs de l'hiver et aux brûlantes journées de l'été, privés des soins qui leur sont
indispensables, ils s'abâtardissent par une
nourriture très-irrégulière, et surtout par des
accouplemens intempestifs. L'inaction absolue

n'est pas moins à éviter dans les animaux, qu'un exercice trop violent ou fait à contre-temps. En les tenant sans cesse enfermés à l'étable, en les privant de tout exercice, ainsi que le font les nourrisseurs, on ruine leur tempérament: et lorsque, par les progrès inévitables du mal, les muscles ont perdu leur élasticité, et que la circulation s'est arrêtée, il ne se fait plus aucune sécrétion régulière ; la vie est empoisonnée dans ses élémens les plus essentiels. Si, d'une autre part, l'on envoie les animaux dans la plaine durant les chaleurs accablantes de l'été, et avant que la rumination soit achevée, l'on tombe dans un inconvénient non moins grave, on les expose à diverses maladies, et entr'autres, à l'inflammation et à la gangrène de la rate. Le cheval, le mulet, le bœuf et le buffle, assujétis à un travail fréquent, peuvent rester à l'étable plus que les autres animaux; mais la vache, la chèvre, la bête à laine et le porc, ont besoin, à défaut de cours spacieuses, de parquer chaque jour, ou au moins tous les deux jours, pendant plusieurs heures, principalement quand le temps est chaud et serein, afin que, courant et bondissant en liberté, ils puissent prendre un exercice modéré.

La multiplication des individus, la vente des petits, le lait de quelques espèces, le travail de presque toutes, sont des profits qui ont leur source dans une santé parfaite. Or, le moyen d'entretenir les animaux en santé est, comme nous l'avons déjà fait observer, de leur procurer un abri convenable, une nourriture choisie, suffisante et réglée, et un repos proportionné au travail auquel ils ont été soumis. On attendrait en vain ces avantages de la méthode de tenir toujours les animaux en dépéescence.

A l'inappréciable propriété d'assurer au bétail une santé robuste et constamment brillante, la nourriture prise à l'étable joint encore celle non moins précieuse d'éloigner le fléau des épizooties. On pourrait citer mille exemples à l'appui de cette assertion; nous nous bornerons à un fait observé par le savant agronome allemand MEDICUS (1). Sur soixante-douze villages du Palatinat, dit-il, où, pendant toute l'année, on garde les bêtes à cornes dans les étables, soixante-cinq ont été entièrement exempts de la maladie charbonneuse

____

(1) *Mémoires de la Société Physico-Economique du Palatinat,* volume de 1772.

qui désola tant de provinces, de 1772 à 1774, et le reste n'en a essuyé que de légères atteintes; tandis que, dans soixante-quatre autres villages, où l'on envoie le bétail aux pâtures communes, l'épizootie a exercé tous ses ravages, et dévoré presque toute la population bovine.

Par la méthode de l'entretien domestique, on obtient encore du lait en abondance, une économie considérable de fourrages, et une grande quantité d'excellens fumiers, qui donnent les moyens de maintenir la terre dans un état constant de fertilité.

Les fermiers du Lilienthal, établis dans un ancien marais qu'ils ont conquis sur le Weser, et forcés de nourrir continuellement leurs bestiaux à l'étable, par le manque absolu de prairies, fournissent néanmoins du lait toute l'année à la ville de Bremen. Les colons qui habitent les cantons de Osterholz et de Ottersberg, possèdent de vastes pâturages, dont l'herbe est très-haute et d'une superbe végétation; cependant huit de leurs vaches ne donnent pas autant de lait, que trois vaches de leurs voisins, les habitans du Lilienthal.

Les économies suisses estiment, qu'en général, une vache à lait, d'une taille

moyenne, consomme, à l'étable, pendant
les six mois que dure la saison des pâturages,
les herbes d'un hectare et demi ou deux arpens. Il faudra donc vingt-deux hectares ou
quarante arpens, pour l'entretien de vingt
pièces de gros bétail; mais si la nourriture
est prise hors de l'étable, cette surface doit
être portée au double, attendu que l'animal
gâte, en la foulant aux pieds, une quantité
d'herbe égale à celle qu'il mange. A ce nouvel
avantage, par lequel la méthode de la nourriture à l'étable l'emporte sur l'autre, il faut
encore ajouter le fumier que l'on recueille,
et qui est perdu lorsque la nourriture se prend
sur pied. La quantité de fumier obtenue de
vingt pièces de gros bétail nourries à l'étable
pendant la saison des pâturages, et auxquelles
on n'a pas épargné la litière, est évaluée à cent
vingt chars, de treize mètres cubes chacun (1).
Ce fumier est excellent, dure long-temps, et
est exempt de la multitude de plantes para-
sites qui pullulent dans les champs chargés
des engrais ordinaires. On nous objectera peut-

____

(1) TSCHIFFELI, *Lettres sur la nourriture des bestiaux
à l'étable, et sur la composition et les grands avantages de
l'engrais suisse.*

être l'exemple des Anglais et de beaucoup de grands propriétaires français, qui font parquer leurs moutons pour fertiliser les champs; mais, outre qu'il est impossible d'avoir des troupeaux assez nombreux pour fournir ainsi à l'engrais d'une grande étendue de terrain, ce moyen ne peut s'appliquer à d'autre bétail qu'aux moutons.

Un autre avantage également important de la nourriture domestique sur le parcours, c'est d'être à la portée du grand et du petit propriétaire. Un fermier qui n'aurait que deux ou trois hectares de terre peut, avec cette méthode, entretenir jusqu'à dix vaches. Le défaut de litière n'est pas un obstacle. Il peut suppléer à la paille, comme on le fait en Lombardie, par l'emploi des tiges de millet et des herbes qui croissent sur le bord des chemins, ou, comme cela se pratique aux environs de Bologne, et dans quelques parties des États Romains, avec les plantes aquatiques, le petit genêt (*genista sagittalis*), les fougères (*filices*), les mousses (*musci*), etc., coupés en petits morceaux. Il peut encore, ainsi qu'on le voit aux environs de Leyde, où l'on prend le plus grand soin des animaux, et où cependant on ne leur donne pas de litière, ramasser exactement les excrémens, et les mêler avec les ordures que l'on balaye devant les maisons; enfin, il peut, à l'instar des cultivateurs de Norfolk et de Suffolk, en Angleterre, employer le sable rejeté par la mer, ou celui des rivières.

§. III. — *Moyen de nourrir une grande quantité de bestiaux, avec le produit d'un terrain très-limité.*

En Toscane, que l'on appelle le *Jardin de l'Italie*, et surtout dans les plaines riantes du Val de Nievole, on ne voit point de bestiaux sur les terres; ils sont tenus toute l'année, nuit et jour, à l'étable. On y chercherait en vain ces vastes prairies chantées par VIRGILE (1); la charrue a tout envahi. Mais, quels que soient les avantages de cette méthode, ils ne balancent pas la perte qui résulte du manque de fourrage, de l'absence de toute pâture. J'en ai acquis la certitude pendant mon séjour dans ce beau pays. Pour nourrir ses bestiaux, le cultivateur y est forcé de recourir à l'herbe qui croît sur le bord des fossés, aux

----

(1) *Georg.*, II., 195 et suiv.

feuilles qu'il arrache à la vigne, ou bien aux peupliers et aux plantes qu'il trie entre ses blés. Il fait encore usage de la paille hachée, qu'il mêle en trop forte quantité aux fourrages verts obtenus de l'assolement régulier qu'il a adopté (1). Composés presque uniquement de lupins (*lupinus albus*), de trèfle farrouch (*trifolium incarnatum*), de plantain *plantago lanceolata*), et de sainfoin à bouquets (*hedysarum coronarium*), appelé par les Italiens *sulla*, ces fourrages ne s'obtiennent que tous les trois ans. Lorsque la récolte en est mau-

-----

(1) Les assolemens forment la partie la plus intéressante de l'agriculture toscane; le cours de récolte ne permet aucune jachère; il y dure en général trois ans, pendant lesquels on sème cinq fois la terre, ou bien quatre ans, et alors la terre reçoit sept fois des semences, savoir : ASSOLEMENT DE TROIS ANS. — Première année : blé, lupins en automne, pour être enfouis. Deuxième année : blé, en automne avec trèfle ou autre fourrage. Troisième année : maïs, millet noir ou sagine (*holcus sorghum*). — ASSOLEMENT DE QUATRE ANS. — Première année : blé, en automne haricots (*dolicos catiang*), appelés en Toscane *fagioli coll' occhio*, entremêlés de tiges de maïs. Deuxième année : blé, lupins en automne, pour être enfouis. Troisième année : blé, fourrage en automne. Quatrième année : maïs, millet ou sagine.

vaise, et par conséquent insuffisante, le laboureur vend ses grosses bêtes et en achète des petites; si, au contraire, elle a été abondante, il échange ses petites bêtes contre des grosses.

Il y aurait un moyen de sortir avec moins d'inconvéniens de l'embarras où jette continuellement en Toscane la proscription des prairies naturelles, sans que le cultivateur fût obligé à se défaire de ses bestiaux. Ce moyen est simple et facile : nous voulons parler de la culture des choux qui, dans un grand nombre de cantons, situés au nord, à l'est et à l'ouest de la France, et surtout en Flandre et en Angleterre, multiplie considérablement les bestiaux, et par suite, élève le capital de la richesse territoriale.

Les choux conviennent à toutes les espèces d'animaux, excepté à ceux de fatigue; ils possèdent des qualités éminemment nutritives : qu'on en donne les feuilles vertes, la pomme ou la tige, quand elle n'est ni dure ni ligneuse, ils favorisent l'accroissement du bétail, et l'entretiennent en bonne santé. Ils engraissent parfaitement les bœufs, et sont pour les bêtes à laine un des meilleurs alimens qu'ils puissent trouver. Le cheval n'en est pas très-avide, à moins qu'ils ne soient mêlés avec de la paille ou du bon foin. L'on gagne six pour un à en nourrir les vaches laitières; leur lait est parfaitement doux, la crème très-belle, et le beurre excellent : lorsque ces substances prennent un goût âcre et une odeur désagréable, c'est une preuve de la négligence du cultivateur, qui n'a pas eu soin d'écarter les feuilles gâtées ou voisines de l'état de décomposition. Les avantages des choux sont encore plus marqués, lorsqu'ils servent de nourriture aux jeunes animaux. Les veaux, les agneaux, les lapins, les volailles de toutes sortes et les petits cochons, en profitent singulièrement, surtout quand les feuilles sont administrées après avoir essuyé un bouillon.

Tous les choux peuvent être indistinctement employés, mais on doit préférer les choux verts, et parmi ceux-ci, le choux-cavalier, le chou à faucher, le chou-navet, le chou-colsat et le rutabaga, qui se cultivent également avec avantage, pour fourrage vert étant fauchés, et pour pâture, soit en automne, soit en hiver ou bien au printemps.

I. Le chou-cavalier ou de Chollet, qu'on appelle aussi chou-pyramidal, chou-géant, chouarbre ou arborescent, chou à vaches et chou-chèvre (*brassica oleracea vaccina*), est une plante bisannuelle, que les anciens paraissent avoir connue (1). Sa tige monte quelquefois jusqu'à deux et trois mètres; elle est renflée dans sa partie supérieure, et contient une moëlle succulente. Les feuilles dont elle est garnie sont grandes, larges et peu épaisses; on les récolte depuis la fin du mois d'août, jusques aux premières journées de février: de nouvelles feuilles remplacent sans cesse celles qu'on enlève. Dès que les boutons des fleurs commencent à paraître, le mouvement de la sève rend les anciennes branches plus succulentes, et en fait pousser de nouvelles, qui le sont encore davantage. Dans cet état, on ne se borne plus à cueillir des feuilles; l'on coupe la tête du chou, qui a acquis un fort volume, et on la fait manger toute entière. L'expérience a démontré qu'un chou-cavalier, depuis le premier instant où l'on a commencé à l'effeuiller, produit au moins cinq kilogrammes de nourriture, et par conséquent qu'un hectare, contenant plus de vingt mille choux, donne cent mille kilogrammes de substance

---

(1) CATO, *de Re rustica*, 157.

alimentaire, ou quatre cent dix-sept kilogrammes par chacun des deux cent quarante jours, pendant lesquels on fait consommer cette plante.

Plusieurs départemens, particulièrement ceux de l'Eure, d'Eure et Loire, et de la Vendée, cultivent une variété très-rustique du chou-cavalier, moins élevée, mais plus chargée de feuilles, que l'on nomme *chou-rameux*, ou *à mille têtes*, à cause de la grande quantité de branches dont il est garni à son sommet; ses feuilles sont plus épaisses, plus courtes, plus étroites et plus pointues que celles du chou-cavalier.

Le chou-cavalier se sème en pépinière, vers le milieu du mois de mars. L'on donne trois labours au champ qui doit le recevoir, après avoir fumé avec du bon fumier d'étable. On repique en juin et au commencement de juillet, en ayant soin de mettre les plants à un demi-mètre l'un de l'autre, sur la longueur des sillons. Il faut laisser un mètre entre eux, et butter les plantes avec la charrue, deux fois pendant la durée de l'été. Les espaces vides peuvent être mis à profit, en y plaçant la variété à mille têtes; ce qui doublera le produit, sans nuire aucunement à l'une ou à l'autre

plante. GILBERT (1) recommande la culture de
cette belle espèce de choux, qu'il regarde
comme fournissant la nourriture la plus abondante, la plus agréable et la plus saine : il
tient pour impardonnable, tout fermier qui ne
consacre pas à sa culture un coin de terre.

II. Le chou à faucher, si vanté par DAUBEN-
TON (2), sous la dénomination vague de *chou
de bouture* (*brassica oleracea fimbriata*), s'é-
lève moins que le chou-cavalier, et ne montre
aucune tige la première année : c'est à la seconde
année qu'elle monte seulement en rameaux
nombreux ; ses feuilles sont oblongues, auricu-
lées, crépues et dentelées : elles partent toutes
du collet de la plante. On les coupe de quatre à
six fois, depuis l'été jusqu'au printemps suivant : cette opération se fait avec la faucille ;
on ménage les jeunes feuilles, qui repoussent
même durant tout l'hiver. Le chou à faucher
offre trois variétés; la violette et la verte sont
celles que l'on doit préférer ; elles fournissent
beaucoup plus à la nourriture du bétail. On
le sème en place depuis le mois de mars jus-

____

(1) *Recherches sur les espèces de prairies artificielles*,
chap. III, art. 22.

(2) *Instruction pour les Bergers*, pag. 67 et 295 de la
quatrième édition.

qu'en août : les plants doivent être ensuite espacés de vingt à trente centimètres. Il réussit parfaitement dans les terrains médiocres.

III. Le chou-navet, ou chou à racine tubéreuse (*brassica napo brassica*), est confondu généralement avec le chou-rave, connu et cultivé depuis très-long-temps en France et en Angleterre, quoiqu'ils diffèrent essentiellement entr'eux par la tige, la racine et la disposition des feuilles. Il y en a une variété que nous recommandons d'une manière spéciale, c'est le chou-navet de Laponie, introduit en Angleterre par ARTHUR YOUNG, et naturalisé en France par notre illustre maître et ami SONNINI DE MANONCOURT (1). Il résiste fortement aux froids de nos hivers : il est très-productif et préférable sous tous les rapports aux raves et aux navets, pour la nourriture des bestiaux, pendant et après l'hiver. Sa racine est très-substantielle, et fort aimée de toutes les espèces d'animaux : ils recherchent également ses feuilles, qui sont nombreuses, épaisses et d'un vert foncé. On le sème à diverses époques de l'année, avec succès, dans

---

(1) *Mémoire sur la culture et les avantages du chou-navet de Laponie*, in-8° de 52 pages ; Paris, 1788.

les climats brumeux et humides ; il exige un terrain peu compact et argilleux ; mais plus le sol auquel on le confie est meuble et profondément labouré, plus ses produits sont abondans.

IV. Le chou-colsat (*brassica oleracea arvensis*), que l'on sème à plusieurs époques de l'année, pour le faucher en vert et le donner à l'étable, ou le faire consommer sur le lieu même de la végétation. Il sert de pâture en hiver, auquel il résiste assez bien, et durant une grande partie du printemps, époque à laquelle on le fauche en fleurs. Il fournit dans toutes les circonstances une excellente nourriture aux vaches laitières, aux jeunes porcs, et surtout aux brebis nourrices, et aux agneaux, à l'époque du sévrage. On le mêle ordinairement avec de la vesce, ou d'autres plantes fourragères.

V. Le rutabaga, ou navet de Suède, dont la racine pulpeuse est très-nourrissante, et le feuillage fort appété, comme fourrage d'hiver et de printemps, ne craint aucune des intempéries de l'année ; il résiste même à des froids très-rigoureux. On ne doit faire consommer ses tubercules qu'à la crèche, et après les avoir coupés par tranches ; sans cela, leur dureté ébranlerait les dents des jeunes bêtes et accélérerait la chute de celles des vieilles. Les feuilles peuvent être coupées dès la première végétation. Sa culture diffère peu de celle du chou ordinaire : on place en rayons les replants, qu'on éloigne l'un de l'autre de vingt à vingt-cinq centimètres; mais on n'en coupe ni le pivot, ni le chevelu, comme cela se pratique à l'égard des choux, afin de conserver au rutabaga sa figure piriforme.

L'introduction de la culture en grand des choux, pour l'usage des bestiaux, ne paraît pas remonter au-delà du siècle dernier, si l'on en excepte la plaine si bien cultivée qui s'étend entre Paris, Aubervillers et Saint-Denis, où elle date de deux cents ans et antérieurement, les environs de Senlis, où La Bruyère-Champier (1) vit des choux énormes en plein champ, dès les premières années du seizième siècle. Cette culture est d'autant plus importante, que le chou et ses différentes variétés prospèrent sur les argiles fortes, qui ne fournissent point de nourriture aux bestiaux pendant une grande partie de l'année. Ils sont pour elles, ce que sont pour les terres

____

(1) *De Re cibariâ*, VIII, 9, pag. 471 et 472.

légères, les carottes, les turneps, les solanées-parmentières. Le chou est encore un engrais très efficace, il prépare la terre pour les marsages, remet en vigueur le sol d'une qualité médiocre ou épuisée, et donne au fumier des propriétés vraiment supérieures. La culture de cette plante fait la richesse des meilleurs fermiers de l'Angleterre, et les dépenses qu'elle exige sont si modiques, qu'il est inutile d'en faire mention.

L'intérêt des cultivateurs est donc d'admettre dans leur assolement l'une des variétés de choux que nous avons indiquées. Quand vous n'en auriez qu'un très-petit carré, il vous profitera plus que trois hectares de luzerne ou quatre de carottes. Achetez en été la quantité de fourrage vert qui vous est nécessaire pour la nourriture de vos bestiaux, si vous n'avez pas, ou si vous vous obstinez à ne point avoir de prairies artificielles ; mais enlevez à la charrue un petit coin de terre, semez-le de choux, et réservez le pour les besoins de l'hiver. Vous aurez par là le moyen d'élever facilement beaucoup de bétail, sur un terrain très-limité.

Quoique moins profitable que la culture des choux, celle de la carotte (*daucus carota*) étant une ressource certaine pour les terres légères, nous devons dire ici que cette racine fusiforme est très aimée des chevaux et des bêtes à cornes : chez les cultivateurs de l'est de l'Angleterre, elle remplace très avantageusement l'avoine, maintient l'animal en très-bon état, lui donne une démarche fière, et imprime à sa robe une douceur et un brillant qui plaît beaucoup. Sur les rives de l'Escaut, la carotte est considérée comme donnant des produits supérieurs à toute autre culture, et comme un des meilleurs alimens pour toutes les bêtes de la ferme. Dans plusieurs cantons du département du Pas-de-Calais, où cette racine est réservée à la nourriture des vaches, et à l'engrais des bœufs pendant l'hiver, on a adopté pour sa culture une marche digne des plus grands éloges, et que j'aimerais à retrouver partout au sein de la grande famille des Français. Elle y est cultivée en commun ; tous les ans on change de place, afin que le terrain de chaque petit propriétaire participe à son tour au bénéfice résultant de l'amélioration du sol, et jouisse ainsi de récoltes qui sont toujours nettes et fort abondantes.

SECTION III.

Plantes propres à l'établissement d'une prairie.

Dans tout domaine régulièrement administré, il doit y avoir une certaine portion de terres employées à la culture des prairies naturelles ou artificielles. Malheur aux cultivateurs qui négligent ce moyen d'assurer la prospérité de leurs bestiaux, et l'amélioration générale des produits de la ferme. Mais il ne faut point croire, abstraction faite du sol, que la bonté des prairies résulte uniquement de leur étendue et de la grande quantité d'herbages qui les couvrent. C'est la qualité de la plante, c'est sa propriété de nourrir abondamment, de taller beaucoup, de fournir de belles tiges très-élevées, qui décide de la richesse d'une prairie : encore est-il nécessaire que les végétaux qui la composent fleurissent et atteignent à leur maturité aux mêmes époques. On peut réunir tous ces avantages, et augmenter sensiblement le produit ordinaire des meilleures prairies, sans en étendre la surface ; le secret est tout dans le choix des semences, dans la connaissance des individus qui méritent d'être préférés. Nous possédons plusieurs bons traités sur les prairies artificielles, sans compter de celui de GILBERT, qui leur a servi de base (1); mais nous n'avons, sur la culture des prairies naturelles, que des aperçus (2): pour aider à remplir la lacune et compléter en même temps tout ce que j'avais à dire sur la nourriture, j'ai cru devoir offrir ici le tableau de toutes les plantes qui peuvent entrer dans leur composition. Puisse ce résumé, fruit de l'observation et de la pratique, concourir à l'amélioration de nos prairies, et assurer aux animaux des alimens toujours sains, toujours agréables, toujours abondans !

----

(1) Ceux de CRETTÉ DE PALLUEL, de D'OURCHES et de LULLIN.

(2) Voyez le petit Traité de DE PERTHUIS, inséré dans le T. X, p. 444 — 472, du Cours d'Agriculture publié par M. Bosc.

I.   6

NOMS DES PLANTES.	SOL qui LEUR CONVI[ENT]
Sarrasin, blé noir, *Polygonum fagopyrum*...	terres légèr[es] non humi[des]
Avoine fromentale, *avena elatior*...........	bon et médio[cre]ment humi[de]
Avoine des prés, avenette, *avena pratensis*...	maigre, sab[lon]neux, élevé.
Avoine jaunâtre, ou blonde, *avena flavescens*.	hum. et sec, [&] prés monta[gn.]
Avoine pubescente, avrone, *avena pubescens*.	de toute sorte[s]
Fétuque des brebis, petit foin, *festuca ovina*.	sec, maigre, [sa]blonneux. [&]
Fétuque élevée, grande queue de rat, *festuca elatior*..................................	bon, ferme, médio[c]rement hum[ide]
Fétuque flottante, herbe à la manne, *festuca fluitans*..................................	humide, mar[éc.] inond., dan[s] foss. et les eaux
Fétuque inclinée ou couchée, *festuca decumbens*...................................	sec, maigre, [sté]rile, sablon[n.]
Durète, fougerolle, fétuque dure, *F. duriuscula*.	id. ......[.]
Fétuque rougeâtre; *festuca rubra*...........	id. ....[.]
Vulpin des prés, queue de renard, *alopecurus pratensis*..................................	humide, bon[.]
Vulpin agreste, queue de renard des champs, *alopecurus agrestis*....................	sec, sablonne[ux]

ÉPOQUES DE LA		OBSERVATIONS ET USAGES.
FLORAISON.	MATURITÉ des graines.	
et sept.	sept. et octob.	Le bétail en aime l'herbe verte et sèche ; le grain sert à engraisser les bœufs, les cochons, toutes sortes de volailles : broyé sous la meule, et mêlé avec de l'avoine, il est très-agréable et très-sain pour les chevaux.
et août.	juillet – sept.	Cette plante, une des meilleures graminées pour les prairies artificielles, convient à tous les animaux.
et juillet.	juil'et et août.	Pour tout le bétail.
....	id.	Pour tout le bétaii.
....	id.	Pour tout le bétail.
– juillet.	id.	Pour les chevaux et les chèvres ; c'est la première nourriture des brebis.
– juillet.	id.	Excellent fourrage pour les vaches et les chevaux.
....	juillet – sept.	Très-aimée des chevaux et des vaches. Les canards la mangent avec plaisir.
– août.	août et sept.	Pour les brebis.
– juillet.	juillet – sept.	Pour les moutons.
....	août et sept..	Pour les moutons ; très-aimée des chèvres et des chevaux.
– août...	juillet – sept.	Bonne nourriture pour les vaches et les chevaux.
– sept...	juin – octobre.	Pour tout le bétail.

NOMS DES PLANTES.	SOL qui LEUR CONVIENT
Vulpin genouillé ou aquatique, *alopecurus geniculatus*....................	humide, maréca[g]
Fléau, fléole des prés, massette, thimothy des Anglais, *phleum pratense*..............	humide, inond[é]
Fleur odorante, ou flouve aromatique, *anthoxanthum odoratum*....................	toute espèce...
Dactyle, l'amaxitis de THÉOPHRASTE, *dactylis glomerata*....................	*id.* ....
Houque laineuse, ou aristée, *holcus lanatus*..	*id.* ....
Houque odorante, *holcus odoratus*.........	humide et sablo[n]neux........
Houque molle, houque soyeuse, *holcus mollis*.	sec, sablonneux
Houque à balais, sorgho d'Afrique, *h. sorghum*.	*id.* ....
Mélique penchée, ou brandillante, *melica nutans*....................	sec, élevé.....
Mélique bleue, *melica cærulea*.............	hum., tourbeux
Mélique ciliée, *melica ciliata*.............	sec, collines sab
Paturin des prés, *poa pratensis*.............	toute espèce...
Paturin aquatique, *poa aquatica*...........	humide, maréca[g]
Paturin des marais, *poa palustris*...........	humide........
Paturin commun, *poa trivialis*.............	sec, sablonneux
Paturin annuel, *poa annua*.................	toute sorte.....

| ÉPOQUES DE LA | | OBSERVATIONS ET USAGES. |
FLORAISON.	MATURITÉ des graines.	
i et juin...	juin – août...	Pour les vaches, les chevaux ; on le dit nuisible aux bêtes à laine.
i – sept....	juin – octob.	C'est un très-bon fourrage pour les chevaux, les vaches.
il et mai..	juin – août..	Pour tout le bétail, particulièrement pour les moutons. Cette plante communique au foin son odeur agréable.
i et juillet.	août et sept..	Pour les vaches et les chevaux, dont elle excite l'appétit, quoiqu'elle soit dure. Elle améliore les pâturages.
il........	id........	Pour toute espèce de bétail, et en particulier pour les brebis.
i...........	in..........	Pour tout le bétail, mais moins bonne que la précédente.
h et juillet	oût et sept..	
id.......	id.......	Les Espagnols engraissent les poules, les pigeons et toutes les volailles, avec cette graine ; ce qui rend leur chair exquise.
i et juin...	id.......	Excellente pour tout bétail.
llet – sept.	sept. et octob.	Pour les chevaux et les vaches.
in.........	août........	Pour tout le bétail.
i – juillet.	juillet – sept.	
llet et août.	sept. et octob.	Les vaches et les chevaux recherchent ce grand et bon foin.
n et juillet.	août et sept..	
i et juin..	id.......	Pour tout le bétail.
mars, à l'h.	presq. tout l'an	

NOMS DES PLANTES.	SOL qui LEUR CONVIENT
Paturin à feuilles étroites, *poa angustifolia*...	toute sorte....
Paturin bulbeux, ou échalotte, *poa bulbosa*..	sec, sablonne.
Paturin comprimé ou aplati, *poa compressa*..	id. ....
Ivraie vivace, raygrass, pain-vin, Iolie, *lolium perenne*..........................	de toute sorte
Crételle cynosure, *cynosurus cristatus*......	légèrement hum
Brize, amourette tremblante, *briza media*...	toute sorte....
Agrostis chevelu, ou foin capillaire, *agrostis capillaris*.........................	id...........
Agrostis rouge, ou foin rouge, *agrostis rubra*.	id...........
Agrostis genouillé, *agrostis geniculata*......	humide.......
Brome mou, ou velouté, *bromus mollis*.....	sec, ou de toute.
Brome inerme, *bromus inermis*.............	sec...........
Brome à petits épilets, ou gigantesque, *bromus giganteus*...........................	hum. et de toute sorte.......
Orge séglin, ou des prés, *hordeum secalinum*.	humide.......
Canche aquatique, erbin, *aira aquatica*......	id...........
Canche élevée, ou des gazons, *aira cæspitosa*.	id...........
Canche flexueuse, ou flexible, *aira flexuosa*...	sec, sablonneux.

EPOQUES DE LA		OBSERVATIONS ET USAGES.
FLORAISON.	MATURITÉ. des graines.	
...i et juin...	juillet et août.	Pour tout le bétail, et particulièrement pour les brebis.
...d.........	id.........	
...n et juillet.	août et sept..	Très-bon pâturage pour les moutons.
...n – août..	juillet – oct.	Les Anglais cultivent cette plante pour les vaches et les chevaux, qui l'aiment surtout pendant qu'elle est jeune.
...n et juillet.	août et sept..	Pour les moutons, leur chair en obtient une saveur agréable. Elle excite le vomissement aux chiens.
...i et juin...	juillet et août.	Pour les chevaux, les vaches, les moutons.
...in – août...	juillet – sept.	Pour tout le bétail.
...id.........	id.........	
...ai – août...	juillet – oct..	Pour les vaches et les chevaux.
...ai – juillet.	juillet et août.	Pour tout le bétail, principalement pour les vaches et les brebis.
...in et juillet.	id.	Pour les vaches et les chevaux.
...uillet et août.	août et sept..	C'est un fourrage fertile et haut, très-bon pour les vaches et les chevaux.
...in et juillet.	août.	Pour les vaches, les moutons, les chevaux.
...ai et juin...	juillet et août.	Pour les vaches et les chevaux, comme foin et comme litière.
...in et juillet.	août et sept..	Pâturage très-tendre, bon pour les vaches et les brebis.
...ai – juillet..	juillet et août.	Pour tout le bétail.

NOMS DES PLANTES.	SOL qui LEUR CONVIENT
Canche blanchâtre, erbin cendré, *aira canescens*..........	sec, maigre, blonneux....
Canche feuilletée, cailleton, *aira caryophyllea*.	sablonneux....
Chiendent, *triticum repens*..........	de toute sorte.
Agrostis des chiens, ou argenté, *agrostis canina*.	id..........
Agrostis traçant, tremme, *agrostis stolonifera*.	id., sablonneux
Mélilot bleu, baunière, lotier odorant, *trifolium melilotus cærulea*..........	id..........
Mélilot commun, triolet odorant, *trifolium melilotus officinali*..........	id..........
Trèfle hybride, *trifolium hybridum*........	l., humide....
Trèfle blanc et rampant, triolet *trifol. repens*	légèrement hum.
Trèfle des prés, triolet ordinaire, *trifolium pratense*..........	id..........
Trèfle flexueux, *trifolium flexuosum*........	sec, élevé.....
Trèfle fraise, ou capiton, *trifolium fragiferum*.	humide et sec...
Trèfle des montagnes, *trifolium montanum*..	de toute sorte...
Trèfle à fleurs jaunes, ou à tête de houblon, mirette dorée, *trifolium agrarium*........	id..........
Trèfle brun, ou rameux, *trifolium spadiceum*.	humide..........
Trèfle couché, ou nain, *trifolium procumbens*.	sec, sablonneux.
Trèfle lupuline, *trifolium campestre*........	de toute sorte....
Trèfle filiforme, *trifolium filiforme*........	sec et humide...

| EPOQUES DE LA | | OBSERVATIONS ET USAGES. |
FLORAISON.	MATURITÉ des graines.	
...—juillet..	août et sept..	Excellente nourriture pour les agneaux.
...il et mai..	juin et juillet.	Pour les vaches et les moutons.
...n et juillet.	juillet – sept..	Pour les chevaux et les vaches.
...id.........	juillet et août.	Pour les moutons.
...id.........	août et sept..	Pour tout le bétail.
...id.........	id.	Pour les chevaux; il plaît à tous les animaux, particulièrement aux abeilles. Les Suisses aromatisent leurs fromages avec sa fleur.
...llet et août.	août et oct...	Pour tout le bétail et les abeilles.
...id.........	août et sept..	
...i – août...	id.	Donne un excellent foin.
...n – août...	juillet – sept.	Pour les vaches, les chevaux, les moutons, les porcs.
...au et juillet.	août et sept..	Ce fourrage est un des plus profitables; il plaît à tous les animaux.
...illet et août.	id.	Pour tout le bétail, les abeilles.
...ai – août...	id.	Pour tout le bétail.
...in – sept...	août – oct....	Excellent pour nourrir le bétail.
...illet et août.	sept. et oct...	
...ai – octobre.	id.	Pour les moutons.
...illet – nov..	août – nov...	Pour tout le bétail, mais plus particulièrement pour les moutons.
...in – nov...	août et sept..	Pour les moutons.

NOMS DES PLANTES.	SOL qui LEUR CONVIENT
Lotier des prés, trèfle cornu, *lotus corniculatus*.	sec et humide.
Lotier siliqueux, lotier ailé, *lotus siliquosus*..	humide........
Luzerne, foin de Bourgogne, *medicago sativa*.	de toute sorte...
Luzerne jaune, ou en faucille, *medicago falcata*.	sec, maigre....
Luzerne lupuline, mirlirot, *medicago lupulina*.	sec...........
Sain-foin, esparcette, tête de coq, *hedysarum onobrychis*......................	sec, sablonneux pierreux, élevé
Spergule, espergoule, *spergula arvensis*.....	toute sorte, sabl
Spergule noueuse, *spergula nodosa*.........	hum., mar.. tour
Grande pimprenelle, *sanguisorba officinalis*.	de toute sorte..
Boucage à feuilles de berle, pimprenelle blanche, *pimpinella magna*.................	id...........
Boucage-pimprenelle, Louquetin, persil de bouc, *pimpinella saxifraga*...........	id...........
Céraiste rampant, oreille de souris, *cerastium repens*......................	id..........
Pimprenelle petite, *poterium sanguisorba*....	sec, maigre, élevé

| ÉPOQUES DE LA | | OBSERVATIONS ET USAGES. |
FLORAISON.	MATURITÉ des graines.	
...n – août..	juillet – sept.	Excellent fourrage pour tout bétail et les abeilles. Cette plante est un des plus beaux ornemens des prairies, lorsqu'elle est en fleur.
...ai – juillet..	août et sept..	Pour tous les animaux.
...in – août...	id.	
...nd. tout l'ét.	juillet – sept..	Pour tout le bétail et les abeilles.
...in et juillet.	août et sept..	Pour tout le bétail, surtout les vaches.
...id.	septembre...	Très-aimé des abeilles, et fort recherché par tout le bétail.
...uillet et août.	août et sept..	Pour tous les bestiaux. Sa semence est une bonne nourriture pour les poulets ; elle engraisse les poules et les pigeons, dont elle accélère la ponte.
...id.	id..........	
...id.	id.	Les moutons l'aiment ; les vaches et les chevaux n'en font pas grand cas, quoiqu'elle soit pour eux une excellente nourriture.
...in – août..	id.	Pour tout le bétail, mais plus encore pour les vaches.
...id.	id.	Id., est très en usage en Allemagne.
...ai – août...	id.	Excellent fourrage pour les bœufs.
...ai – juillet..	septembre....	Pour tous les animaux.

NOMS DES PLANTES.	SOL qui LEUR CONVIENT
Ortie dioïque, ou grande. *urtica dioïca*......	de toute sorte.....
Bistorte, renouée, *polygonum bistorta*.......	humide........
Chicorée sauvage, *cichorium intybus*........	toute sorte, sec surtout......
Gesse tubereuse, macusson, *lathyrus tuberosus*.	toute sorte.....
Gesse des prés, *lathyrus pratensis*...........	id. ....
Gesse sauvage, ou des bois, *lathyrus sylvaticus*.	id., élevé......
Vesce multiflore, à bouquets, *vicia cracca*...	toute sorte......
Vesce des haies, *vicia sepium*............	id. ....
Astragale, malmaison, fausse réglisse. *astragalus glycyphyllos*...........	id. ....
Coronille bigarrée, faucille, *coronilla varia*...	de toute sorte...
Oseille ordinaire, *rumex acetosa*...........	id. ....
Petite oseille, ou vinette des brebis, *rumex acetosella*...........	sec, maigre.....
Patience sauvage ordinaire, *rumex acutus*.....	humide........
Patience sauvage des bois, *rum. hemolapathum*.	humide, maréc.
Patience, ou parelle frisée, *rumex crispus*...	humide et sec....
Grande patience, *rumex patientia*..........	toute sorte.....

ÉPOQUES DE LA		OBSERVATIONS ET USAGES.
FLORAISON.	MATURITÉ des graines.	
...n - août...	août et sept..	Pour les vaches, les chevaux et plusieurs volatiles.
...i et juin...	juillet.......	Est très-aimée des vaches et des moutons. Sa semence peut être employée à la nourriture des oiseaux de basse-cour.
...in - sept....	août - octobre.	Excellent fourrage. Cette plante guérit, au printemps, les chevaux malades qui en mangent.
...in et juillet.	id.	Sa fane est un bon fourrage pour tout le bétail.
...ai et juin...	juillet et août.	Pour tout bétail et les abeilles.
...in - août...	août - octobre.	
id........	août et sept..	Très-bon fourrage.
...ai et juin...	août.........	Pour tous les animaux.
...in et juillet.	septembre....	
...in - août...	août et sept..	Pour le bétail ; plaît beaucoup aux abeilles. Cet excellent fourrage est très-estimé des Anglais.
...ai et juin...	juillet et août.	Pour tout le bétail.
tout l'été....	juin - octobre.	Pour les moutons.
...in et juillet.	août et sept..	Quoique peu aimées des bestiaux, elles leur conviennent à tous.
id.	id........	
id.	id........	
...in - août...	id...	

NOMS DES PLANTES.	SOL qui LEUR CONVIENT
Souci d'eau, popalage, *caltha palustris*......	humide, maréca[
Angélique boucane, pied de chèvre, *ægopodium podagraria*....................	toute sorte.....
Angélique sauvage, *angelica sylvestris*........	humide........
Cresson des prés, *cardamine pratense*.......	*id.*.........
Caillelait jaune, gaillet, *galium verum*......	sec...........
Caillelait blanc, *galium mollago*...........	humide et sec....
Grateron, reble, *galium aparine*..........	*id.*.........
Valériane des prés, *valeriana dioïca*........	humide........
Plantain lancéolé, lancelé, herbe à côtes, *plantago lanceolata*................	toute sorte, sec.
Grand plantain, *plantago major*...........	*id.*.........
Plantain moyen, ou cotonneux, *plantago media*.	*id.*.........
Paquerette, petite marguerite, *bellis perennis*.	*id.*.........
Primevère, coucou, *primula veris*..........	humide et sec...
Euphraise officinale, *euphrasia officinalis*....	toute sorte......
Euphraise lisse, ou jaune, *euphrasia lutea*.	*id.*.........

ÉPOQUES DE LA		OBSERVATIONS ET USAGES.
FLORAISON.	MATURITÉ des graines.	
il et mai..	juin et juillet.	Convient aux vaches, aux moutons, aux abeilles.
ui et juin...	juillet et août.	Pour le bétail, mais peu aimée.
illet et août.	septembre....	Quand elle est jeune, est vivement appétée par le bétail; très-bonne pour les abeilles.
ril – juin...	juin et juillet.	Pour les vaches et les moutons.
in août.....	juillet – sept..	Spécialement aimé des chèvres et des moutons. Les animaux qui s'en nourrissent ont les os teints en rouge. Les sommités fleuries de cette plante sont employées à faire d'excellens fromages.
mai et juin...	juin et juillet.	Convient aux moutons, bœufs et chevaux. Ses fleurs peuvent remplacer les précédentes.
id.........	id.........	Le bétail et les oies mangent son herbe fraîche.
id.........	juillet.......	Pour tout bétail.
avril – août..	juin – sept...	Excellente nourriture pour le cheval et les mules.
juin – août...	août et sept...	Plaisent au bétail; leurs semences servent de nourriture à plusieurs volatiles.
mai et juin...	juin et juillet.	
toute l'année.	toute l'année.	Les moutons mangent volontiers cette plante.
mars – mai...	juin et juillet.	
juillet et août.	sept. et oct...	Pour tout le bétail; elles sont plus particulièrement aimées des chèvres.
id.........	id........	

NOMS DES PLANTES.	SOL qui LEUR CONVIENT.
Scabieuse des prés, *scabiosa arvensis*.........	toute sorte......
Scabieuse des bois, mors du diable, remors, *scabiosa succisa*................	humide.........
Brunelle, charbonnière, *prunella vulgaris*....	toute sorte......
Mille-feuille, *achillæa mille-folium*.........	id. ....
Ptarmique, éternuette, *achillæa ptarmica*...	légèrement hum.
Salsifis des prés, barbe de bouc, *tragopogon pratense*.....................	de toute sorte...
Herbe au lait, laitier commun, *polygala vulgaris*......................	sec et autres....
Véronique à longues feuilles, *veronica longifolia*......................	de toute sorte...
Mélampyre des prés, *melampyrum pratense*.	sec.............
Véronique serpoline, *veronica serpyllifolia*..	toute sorte......
Chenette, véronique des haies, *veronica chamædrys*.....................	id............
Teucriette, teucride d'Allemagne, *veronica teucrium*......................	sec et aurtes.....
Serpolet, *thymus serpyllum*...............	sec.............
Carotte, *daucus carotta*............ ...	sec.............

| ÉPOQUES DE LA | | OBSERVATIONS ET USAGES. |
FLORAISON.	MATURITÉ des graines.	
...l – août...	juillet – sept..	Pour tout le bétail; les abeilles aiment beaucoup sa fleur.
...lt et sept..	sept. et oct.	Fournit une nourriture agréable au bétail et aux abeilles.
...a – août...	août et sept..	Les abeilles l'aiment beaucoup; es aussi du goût de tous les bestiaux.
...n – octob.	juillet – nov..	Bon fourrage pour tout bétail; elle chasse, dit-on, les mouches des prairies.
...n – août...	août et sept..	Excellent fourrage. Ses jeunes pousses printannières, que les Irlandais mangent en salades, sont très-recherchées par les agneaux.
...ni – juillet..	juillet et août	Pour tout le bétail.
...id........	août.......	Pour les vaches et les moutons.
...in et juillet.	août et sept.	Pour tout bétail.
...id........	id.......	Pour les vaches et les moutons.
...vril – sept..	juin – octobr.	Excellent fourrage.
...mai et juin..	juillet.......	Pour tout bétail.
...id.......	août et sept..	
...uin – octob.	août – octob.	Excellente nourriture pour les vaches, les moutons et les abeilles.
...uin et juillet.	août et sept...	Aimé des bestiaux, surtout quand elle est jeune. Rien n'engraisse mieux les porcs.

NOMS DES PLANTES.	SOL qui LEUR CONVIENT.
Carvi, cumin des prés, *carum carvi*........	toute sorte....
Potentille argentine, *potentilla anserina*.....	sec...........
Tormentille, *tormentilla erecta*...........	id.........
Origan, marjolaine sauvage, *origanum vulgare*.	sec...........
Campanule à feuilles rondes, clochette, *campanula rotundifolia*.............	sec...........
Raiponce, pied de sauterelle, *campanula rapunculus*........................	sec...........
Raiponcette, fausse raiponce, *campanula rapunculoïdes*...................	sec...........
Raiponce sauvage, ou tubéreuse, *phyteuma spicata*........................	sec et de toute sorte........
Pied de lion, alchimille vulgaire, *alchimilla vulgaris*.........................	toute sorte, élevé.
Salicaire, lisimachie rouge, *lythrum salicaria*.	humide........
Ménianthe, trèfle des marais, *menianthes trifoliata*........................	humide, marécageux.........
Reine des prés, ormière, *spiræa ulmaria*....	humide ....

| ÉPOQUES DE LA | | OBSERVATIONS ET USAGES. |
FLORAISON.	MATURITÉ des graines.	
...t et juin...	juillet et août.	Excellent foin, très-recherché par tout le bétail, avant la maturité des tiges.
...h - août...	août et sept...	Elle plaît surtout aux moutons, aux oies, aux canards; toutes les sortes de potentilles donnent toutes un bon fourrage.
...in et juillet.	id.	Aimée des moutons.
...illet et août.	sept. et oct...	Pour le bétail et les abeilles.
...ai - août....	juin - sept....	Aimées de tout le bétail.
...ai - juillet..	juillet et août.	
...illet et août.	août et sept..	
...ai - juillet.	juillet et août.	Id., elle augmente singulièrement l'abondance du lait.
...ai et juin...	id.	Est aimée des vaches et des moutons.
...illet et août.	sept. et oct...	Tout le bétail la mange pendant qu'elle est jeune.
...vril et mai...	juin et juillet.	Quoique ce soit un fourrage sain, le bétail ne l'aime pas, excepté les chèvres.
id.	id.	Bon fourrage pour les moutons et les chèvres; tous les autres animaux le mangent seulement jusqu'au moment de la maturité des tiges; sa fleur est très-recherchée par les abeilles.

NOMS DES PLANTES.	SOL qui LEUR CONVIENT
Menthe aquatique , *mentha aquatica*	id. ....
Lavanèse , rue de chèvre , *galega officinalis* ..	toute sorte .....
Renouée liseronne , sarrasin bâtard , *polygonum convolvulus*	id. ....
Berle blanche , bâche d'eau , *sium latifolium* ...	lieux aquatiques.
Genêt des teinturiers , bois vert , genette , *genista tinctoria*	sec , élevé ......

| ÉPOQUES DE LA | | OBSERVATIONS ET USAGES. |
FLORAISON.	MATURITÉ. des graines.	
et et août	août et sept..	Verte pour les moutons, séchée pour tout le bétail.
....-août...	août et sept.	Très-bonne pour tout le bétail.
id........	id........	Sa semence est comestible pour les animaux.
...illet et août.	september...	Fournit un très-bon fourrage, quoi-qu'on accuse ses feuilles âcres d'être vénéneuses pour les vaches et les veaux.
id........	id.........	Pour les vaches et les chevaux, quand il n'est pas trop vieux et dur. Les chèvres et les moutons en broutent les tiges, les fleurs et les gousses avec plaisir. On prétend, à tort, dans certains pays, que cette plante donne au lait des vaches un goût désagréable. Le genêt des teinturiers, ainsi que nous l'avons déjà démontré (1), n'a aucune propriété malfaisante; c'est un excellent fourrage, et les parties de la France où les animaux s'en nourrissent toute l'année, sont celles où le laitage et le beurre sont les meilleurs.

(1) *Traité du genêt*, page 17, in 8° Paris, 1810.

CHAPITRE V.

De l'éducation proprement dite.

LA vie est chez tous les animaux, quelle que soit l'énorme distance qui sépare le mammifère le plus parfait, du dernier des annélides ou des zoophytes, qui touchent aux plantes par leur structure et leur homogénéité, n'est que le résultat de deux phénomènes simultanés, du mécanisme de l'organisation et de la force motrice qui procure et dirige les mouvemens internes et externes. L'action et la réaction constantes de ces deux phénomènes, l'ensemble de ces dispositions, constituent le miracle de l'existence, celui non moins remarquable, du développement et de la reproduction ; leur cessation est la mort, cet écueil inévitable, où la nature, par la dissolution de la matière solide, liquide et aériforme, reprend ses élémens, pour les retremper, les combiner encore, et leur imprimer des formes nouvelles.

Dans ce travail permanent, toujours sublime, et dont la compréhension est supérieure au génie de l'homme, la nature a donné à chacun des êtres animés, la sensibilité et le mouvement volontaire, les sens, ces messagers agiles du plaisir et de la douleur, et une portion d'intelligence, susceptible d'être augmentée par l'usage habituel de ses facultés, et plus encore par l'exemple de ses devanciers.

Les animaux, tout aussi bien que l'homme, sont parfaits dans leur individualité; chacun d'eux a tout ce qui lui est nécessaire relativement aux fonctions qu'il doit remplir; tous sont propres à s'élever au-dessus d'eux-mêmes par l'éducation. Instruits d'abord par la tradition et par les conseils de leurs pères, ils le sont ensuite par leurs fautes et par leurs malheurs. Ceux habitués à vivre en famille ont un gouvernement, des coutumes, une discipline, un langage, des rapports d'intérêt et de société; leur intelligence décèle une supériorité plus grande que celle qu'on a coutume de leur accorder. Elle prouve au moins que l'éducation n'est point un acte opposé au vœu de la nature, ainsi que l'ont dit plusieurs philosophes, puisque, semblable à la culture qui perfectionne les espèces végétales, elle complète dans les ani-

maux son travail, qu'elle élargit la route de
ses impulsions, et qu'elle accomplit le but
essentiel de ses lois éternelles.

Tous les êtres agissent par un sentiment
intime, que nous avons appelé *instinct*, au
moyen duquel ils connaissent et recherchent
ce qui leur est bon, et évitent ce qui leur est
mauvais. C'est, selon plusieurs philosophes, le
résultat d'images ou de sensations innées et
constantes, déposées avec la vie dans le *sen-*
sorium, qui les détermine à agir comme les
somnambules; selon d'autres, c'est une sorte
de rêve ou de vision, qui les poursuit toujours. Je ne partage point ces opinions. L'instinct, comme la raison, est, à mes yeux, le
travail du temps, le fruit de la tardive expérience. Je n'ignore pas que les édifices ingé-
nieux des renards, des castors, des abeilles,
des fourmis, etc., construits d'après les règles
de la plus haute géométrie, sont les mêmes
que ceux élevés de temps immémorial;
je n'ignore pas que les phénicoptères et
les frégates, dont les habitudes pendant
leurs voyages et le temps de la pêche, rappel-
lent la marche des troupes les mieux dis-
ciplinées, et la police des camps, agissent
aujourd'hui comme il y a plusieurs siècles;

mais a-t-on calculé les milliers d'années que ces animaux ont mis pour arriver à ce degré de perfection? Si, entr'eux et l'homme, il y a une différence, c'est qu'ils ne perdent jamais les connaissances qu'ils ont une fois acquises, tandis que l'homme, qui étend les siennes si loin, en jouit à peine qu'il les voit s'anéantir, au milieu des épaisses ténèbres de la barbarie.

La réunion des hommes en sociétés, leur alliance avec le chien, ont produit sur les mœurs et les habitudes des autres animaux, des changemens très-notables. De ce moment la prudence des vieux a tempéré l'ardeur bouillante des jeunes: les moyens d'attaque et de défense ont dû prendre un tout autre caractère; et par une suite nécessaire, il a dû se faire une révolution remarquable dans l'esprit, le langage et les lumières propres à chaque espèce. La crainte, en dispersant les individus, les a rendus plus faciles à s'effrayer et plus féroces, lorsqu'ils ont pu surmonter la peur; elle a dérangé l'instinct, fait violence aux affections naturelles, et imprimé un caractère plus sauvage à toute la création (1).

____

(1) Le lapin, chassé habituellement par les furets,

C'est à cet isolement de la grande famille des êtres, que l'homme doit, en majeure partie, la puissance gigantesque qu'il exerce sur la nature entière, et la perfection de toutes ses facultés physiques et morales. Aidé du chien, il a dompté les animaux qui pouvaient le plus lui être constamment utiles, il les a rendus ses vassaux ; heureux encore lorsqu'ils ne deviennent pas ses victimes !

---

ne terre plus, et vit comme les lièvres ; lorsqu'une longue domesticité lui a rendu ce travail long-temps inutile, il finit quelquefois par en perdre presqu'entièrement la faculté. Les voyageurs s'accordent également à rapporter que le castor ne construit ses digues et ses huttes, qu'en société, et que, dans l'isolement, adoptant un genre de vie proportionné à ses forces individuelles, il se borne à se creuser, au bord des eaux, une simple tannière. « Il est certain, comme l'observe CHARLES LEROY, dans ses *Lettres Philosophiques, sur l'intelligence et la perfectibilité des animaux* (lettre V), « il est certain, qu'avant d'avoir pu s'ins-« truire par l'expérience personnelle, les jeunes re-« nards, en sortant du terrier pour la première fois, « sont plus défians et plus précautionnés, dans les lieux « où on leur fait beaucoup la guerre, que les vieux ne « le sont dans les lieux où on ne leur tend pas de « piéges. » Le lion qui habite les contrées où l'homme domine en maître, n'a plus l'audace de celui qui vit au milieu des régions désertes.

Les animaux ont-ils gagné, ont-ils perdu, dans leur société avec l'homme? Le profit de l'homme n'est pas douteux, mais celui des animaux? En perdant leur liberté, ils ont perdu leurs mœurs; leur instinct a subi de grands changemens; et, habitués à vivre dans l'aisance, ils se sont tellement façonnés à la servitude, que, rejetés aujourd'hui par l'homme, ils seraient réduits à l'état le plus misérable, et se verraient aussi étrangers à leurs propres espèces, que le sont à l'égard des autres hommes, les Boschismans, ces sauvages de l'intérieur de l'Afrique, qui vivent cachés dans des touffes de broussailles.

Puisque nous avons donc arraché certains animaux à la place qu'ils occupaient dans l'ordre général, puisque nous les avons isolés de leurs semblables, et forcés à vivre constamment avec nous, rendons-leur notre société moins à charge; dédommageons-les, par tous les soins dus à leurs services et que réclame leur impuissance. C'est au chameau que l'Arabe doit sa liberté; c'est le chameau qui lui assure le domaine du désert où l'on ne peut l'atteindre; et sans le chameau, le désert serait pour lui-même inaccessible. Mettons à profit l'intelligence et la soumis-

sion des êtres qui nous prêtent si généreuse-
ment leurs forces, non pour nous faire craindre, comme le veut le législateur des Hébreux (1), mais pour créer en eux de nouvelles
facultés, corriger leurs inclinations vicieuses
ou dépravées, et les accoutumer aux travaux
de la ferme ; pour augmenter l'industrie naturelle des plus adroits, vaincre la timidité
des plus faibles, et donner à tous des habitudes, des besoins qui les convertissent en
compagnons sûrs et dociles. Mais ce but important ne sera jamais, ou du moins que
très-imparfaitement atteint, si, comme nous
l'avons déjà dit, au lieu de la douceur, de la
patience et des bons procédés, on use de
mauvais traitemens, on les gouverne avec
cette dure insensibilité qui caractérise les
charretiers, les pâtres, et la plupart des conducteurs de troupeaux. « La cruauté envers
« ces êtres animés et bons, qui vivent au
« milieu de nous, et qui n'y vivent que pour
« satisfaire à nos besoins, nous procurer des
« jouissances, et concourir à nos plaisirs,
« est, selon l'expression de Buffon, une
« flétrissure pour les nations civilisées. Mal-

____

(1) *Genesis.*, IX. 2.

« heur, ajoute-t-il, malheur à l'homme qui
« ne sait pas compâtir aux souffrances des
« animaux, les alléger dans leurs peines, leur
« accorder les soins qui assurent la force et la
« durée de leurs services ! Malheur à celui
« qui les traite avec violence ! son âme aride
« n'est point susceptible des impressions
« douces et délicieuses de la sensibilité ;
« l'homme méchant et dur laisse percer son
« caractère malgré sa dissimulation, et on
« le voit souvent donner d'autres preuves
« d'inhumanité (1). »

Ce sont les mauvais traitemens que l'on fait
endurer aux ânes, lorsqu'ils sont jeunes, qui
les rendent inflexibles, désobéissans, et d'une
opiniâtreté si rustique. Le cheval ombrageux,
la vache qui fuit la main de l'homme, le
chien hargneux et indocile, le mulet revê-
che; en un mot, tout animal méchant, in-
traitable et dangereux pour ceux qui l'approchent, prouve, par cela seul, qu'on l'a
rudoyé sans cesse, qu'on ne l'a jamais traité
avec cette bienveillance dont un propriétaire
ne devrait jamais manquer envers ses bestiaux, et qu'il devrait exiger de toutes les

____

(1) *Hist. nat.*, art. du Cheval.

personnes chargées de les soigner. La négligence et la brutalité des gardiens, sont deux
fléaux, non moins funestes à la ferme, dont
ils détruisent les appuis les plus nécessaires.
Il faut que le cultivateur soit, à cet égard,
très-attentif, et dans une vigilance continuelle. Mais, en exigeant de la douceur et de
la patience de ses agens, il doit lui-même
leur donner l'exemple.

Je ne le dissimulerai point, la cause de
la dureté des subalternes envers les animaux, est dans les mauvais traitemens que
ces subalternes éprouvent eux-mêmes de la
part du maître. Mal nourris, mal vêtus, et
plus misérablement payés encore, ils en
contractent une humeur chagrine, dont les
animaux confiés à leur garde, sont les premières, les constantes victimes. L'intérêt est
la base de toutes les associations ; en songeant
au sien propre, le bon père de famille n'oublie jamais les compagnons de ses travaux.
Il veut être juste envers eux, pour participer à
son tour aux bienfaits de la justice.

Les lois des plus anciens peuples recommandent toutes des égards, je dirai même
la bonté, envers les animaux ; elles portent
des peines très-sévères contre quiconque les

maltraite (1). Les Romains avaient institué
des jeux en l'honneur des bêtes employées à la
culture des terres (2), et condamnaient à
l'exil, comme meurtrier, celui qui les tuait
méchamment (3). Les Goths, les Bourgui-
gnons, les Frisons et les Bavarois (4), ainsi
que les Allemands et les Anglais (5), si nous
nous en rapportons à leurs vieux codes, punis-
saient de mort l'individu assez lâche pour
mutiler les animaux de son voisin, ou se livrer
contre eux à des cruautés inutiles.

Ces lois paraîtront peut-être trop éloignées
de nos mœurs. Tout être raisonnable doit
cependant frémir, avec nous, en considérant
jusqu'à quel point les mauvais traitemens
exercés envers les animaux, influent sur la
morale publique. Le loup qui déchire impi-

----

(1) *Exod.*, XXIII., 5, 12; *Deuter.*, XXII., 4,
XXV., 5; *Leges Atticæ*, V. 2. — PETIT, Comm.,
pag. 397 — 399, etc.

(2) PLIN., *Hist. nat.*, XVIII. 5.

(3) VALER. MAX., VIII. 1.

(4) THEODORIC., *Edict.*, §. 56. — LINDEMB., *Lex
Burgund.*, tit. IV, §. 5. *Lex Fris.*, tit. IV. *Lex Bajuv.*,
tit. III, §. 6 et 10.

(5) LINDEMB., *Lex Bajuv.*, tit. XV, §. 9 et 10; *Lex
Anglor.*, tit. VII.

toyablement la brebis, n'a point reçu d'elle
aucun service, ni sa laine pour le couvrir; le
tigre qui se jette furieux sur la vache et la
dévore, n'a point reçu d'elle, dans son enfance, le lait précieux qui coule de ses fé-
condes mamelles, tandis que le laboureur,
qui en retire tous ces avantages, et tant d'autres qui se répètent si souvent dans le cours
rapide de chaque journée, les voit, d'un œil
sec, tout haletantes, accablées de fatigue, ne
soutenant plus qu'à peine leurs forces épuisées, tomber enfin écrasées sous les coups de
fouets ou d'éperons.

C'est à vous, bonnes ménagères, qu'appartient l'honorable privilége d'adoucir les
infortunes, et de cicatriser toutes les plaies;
c'est à vous que je recommande les animaux
qui peuplent la ferme, ces êtres intéressans
qui constituent la partie la plus essentielle des
propriétés rurales. Faites parler cet accent
de compassion qui vous caractérise si bien,
faites agir cette délicieuse sensibilité qui,
chez vous, a tant de vivacité, d'expression
et de constance; pénétrez-en les personnes
que vous employez; donnez-leur cette patience qui fait qu'on se plie, sans efforts, à
tous les devoirs, qui devine et prévient les

besoins, qui surmonte les plus grandes difficultés, et accoutume insensiblement à l'obéissance les êtres les plus indociles et les plus farouches. Je vous juge toutes par l'excellent cœur de l'épouse chérie que la mort a si cruellement arrachée à mon amour : je calcule ce que vous pouvez faire, par le bien que ma CHARLOTTE aimait tant à répartir sur tout ce qui l'approchait : comme elle, montrez-vous partout avec la tendresse d'une mère, vous opérerez de véritables miracles ; ce ne sera pas en vain alors que la nature vous aura confié le sceptre du sentiment.

J'aimerais à suivre partout, comme dans les plaines de nos départemens de la Vienne, des deux Sèvres et de la Vendée, ce *noteur* qui accompagne de ses chansons gaies et rustiques, les pas lents du bœuf, ouvrant les fertiles sillons; cet animal, naturellement paresseux, y fait le double de travail que partout ailleurs où l'on se sert de l'aiguillon pour soutenir sa marche. Mais nulle part la bonté, l'attachement envers les animaux, ne sont portés plus loin que chez les Burhins (1).

______

(1) Habitans de Boz, village voisin de la Saône, et situé dans les environs de Bourg, département de l'Ain.

A Babylone et dans l'Egypte, on leur rendait un culte fastueux (1): chez les premiers Hébreux, et dans toute l'Assyrie, on les associait aux cérémonies religieuses (2), à Boz, c'est uniquement le sentiment qui parle pour eux.

Dans toutes les circonstances importantes de la vie, les Burhins adressent la parole à leurs bestiaux ; ils s'en entretiennent sans cesse, ils veillent sur eux, et les rendent, en quelque sorte, participans à tout ce qui se fait dans la famille, à tout ce qui l'intéresse. La jeune fille, prête à quitter la maison paternelle, pour entrer dans celle de son époux, adresse de touchans adieux aux troupeaux, aux volailles, et particulièrement aux bœufs de labour qui l'ont vu naître, à qui, depuis son enfance, elle a donné tous ses soins : elle les appelle chacun par son nom ; elle les caresse de la voix, de la main, et ne les abandonne qu'à regret ; ils sont pour elle comme les protecteurs de ses nouveaux pénates. Aux funérailles, on juge les défunts par

____

(1) Diod. Sicol., *Bib. hist.*, p. 52 et 53 ; Ælian., *Hist. anim.*, XII, 29.

(2) *Genesis*, IV. 4 ; XV. 9 ; etc. Herod., I. 183.

les soins qu'ils donnèrent à leurs bœufs.
« O laboureur infatigable! qui cultivera ton
« champ comme toi? Loin de toi, ces ani-
« maux qui s'engraissaient sous tes yeux,
« dans les pâturages que tu leur avais pré-
« parés, ces animaux qui trouvaient tant de
« plaisir à s'occuper avec toi des paisibles
« travaux de la terre, vont maigrir et traîner
« de tristes jours. » Ces expressions, traduites
littéralement du langage du pays, se mêlent
aux accens de la douleur, aux larmes des
parens, des amis et des voisins.

J'ai dit que l'éducation des animaux avait
apporté de sensibles perfectionnemens dans
leurs facultés intellectuelles; cependant, quelle
que soit la durée de leur association avec
l'homme, ils ne s'élèvent jamais jusqu'à cette
perfectibilité qui caractérise l'espèce humaine;
non pas qu'ils soient bornés aux sentimens
des besoins présens, (on sait qu'ils ont la
conscience des besoins futurs, qu'ils sont
prévoyans, et que souvent ils se conduisent
à cet égard avec beaucoup de prudence) ;
mais à cause de l'intelligence supérieure de
l'homme, de la multiplicité de rapports qu'une
riche organisation lui donne; à cause de la
difficulté d'une communication rapide,

étendue, variée entr'eux, et de l'impossibilité où ils sont de maîtriser les circonstances et de les modifier à leur gré. « Les « animaux, dit HARTLEY (1), qui ont quelque « familiarité avec les hommes, comme les « chiens, les chevaux, en apprenant l'usage « des mots et des symboles d'autres espèces, « acquièrent plus de sagacité qu'ils n'en au- « raient naturellement ; et si l'on prend un « soin particulier de les instruire, leur do- « cilité monte quelquefois à un degré sur- « prenant. » Ils peuvent même s'approprier une partie de notre langage, une partie de nos sentimens, et faire, comme nous, le sacrifice d'une portion de leurs penchans naturels, en échange des avantages qu'ils trouvent dans leur société avec l'homme.

Je le répète, le seul moyen qui puisse disposer un animal à la soumission et à la confiance, c'est la douceur. Le mammifère carnassier se familiarise assez vîte ; ses rapports avec l'homme s'établissent plus intimement, et il perd bientôt jusqu'à la dernière trace de

____

(1) *Explication physique des idées et des mouvemens*, etc., trad. française de JURAIN, tom. II, p. 252, de l'éd. de Rheims, 1755.

férocité qu'il devait à une grande indépendance. Il n'en est pas de même de l'herbivore,
qu'on ne maintient à l'état domestique que
par une continuelle attention : le taureau est
toujours prêt à tuer son gardien, tandis que le
chien est sans cesse aux écoutes pour défendre
son maître, et mourir pour lui ; le taureau
connaît rarement la voix de son bienfaiteur,
mais il n'oublie point celui qui l'a maltraité :
le chien ne perd que très-difficilement le
souvenir du bien qu'il a reçu, l'excès seul des
mauvais traitemens le force à fuir celui qui
le nourrit, ou à se défendre contre lui.

Ainsi, tous les animaux ne se réduisent
pas à l'état domestique par les mêmes
moyens ; tous ne sont pas susceptibles de
la même éducation ; les règles doivent être
très-variées et propres à chaque ordre, à chaque genre, à chaque espèce, et même à chaque individu.

§. I.*er* — *Des qualités et devoirs d'un gardien.*

De même que de bons élèves supposent de
bons maîtres, pour avoir de beaux troupeaux,
des animaux bien tenus, il faut avoir de bons
gardiens (1). On ne s'attend pas à nous voir

____

(1) On leur donne un nom particulier, selon l'espèce

ici parler de ces bergers chantés par THÉO-
CRITE, par VIRGILE et GESSNER, rappeler ces
scènes pastorales, si chères aux âmes sensibles, et trouver ici le tableau des mœurs pa-
triarcales; nous ne montrerons, dans la personne à laquelle un propriétaire commet la
garde de ses troupeaux, qu'un bon serviteur,
qu'un serviteur utile, dont la fidélité, les
soins vigilans et les connaissances doivent, en
assurant son existence, concourir à la fortune
de son patron, à la plus grande prospérité des
bestiaux.

Un gardien ignorant ou paresseux, et une
armée désobéissante ne sont bons à rien,
comme le dit XÉNOPHON (1). Le premier doit
être soigneusement écarté; il a trop de moyens
de nuire, soit par ses fraudes, soit par son
manque de vigilance, ou par le défaut de
modération dans ses traitemens.

Un bon gardien est robuste, âgé de plus de
vingt ans, jamais moins, toujours propre,

---

d'animaux qui leur est confiée. Ainsi, ceux qui veil-
lent à la garde des moutons se nomment *Bergers*; les
Bouviers ou *Pâtres*, sont chargés du gros bétail; les
Chévriers des chèvres, les *Porchers* des porcs, etc.

(1) *Equitat*, III. 4.

matineux, adroit, patient et gai par caractère, bon par sentiment, affectionné aux animaux, et habile dans l'art de les soigner. Il sait lire, écrire et compter, afin de pouvoir tenir note de ses observations, et s'en rendre compte. Il doit être familier avec les localités, et bien connaître la nature des pâturages où il conduit les bêtes confiées à ses soins. Habitué à vivre au milieu d'elles, il sait, au simple coup d'œil, voir si un animal est blessé, s'il manque d'appétit ou s'il est triste ; il saisit en lui avec la même justesse et la même précision, les symptômes précurseurs d'une de ces maladies qui, sans un prompt secours, deviennent bientôt mortelles ; il le sépare dès-lors d'avec les autres, lui administre les soins les plus pressans, en attendant, si la gravité du cas l'exige, la présence de l'artiste vétérinaire. Chaque jour, lorsque les animaux sortent pour aller labourer, ou qu'ils sont dans la cour, il doit ouvrir les portes et les fenêtres des étables, afin d'en changer l'atmosphère, les nettoyer en tous sens, enlever la vieille litière, et en substituer de la nouvelle, laver les auges, les râteliers, etc. Il doit, en un mot, veiller sans cesse au maintien de l'ordre et de la propreté, ce point essentiel sur

lequel on ne saurait trop insister, puisque les
animaux ne sauraient s'en passer, et qu'il est
étroitement lié à leur santé. Avant de se
rendre avec eux aux champs, à la prairie ou
au parc, il les fait boire et manger ample-
ment, sans quoi, pendant leur marche, ils
feraient des dégâts dans les jardins ou les
terres cultivées, ils sauteraient les haies et
fossés, rongeraient les barrières et les clôtures,
se heurteraient, se serreraient les uns contre
les autres, se blesseraient et pourraient éprouver quelques commotions capables d'occasionner l'avortement. Arrivé dans les champs,
il veille à ce que les troupeaux errans ne se
mêlent aux siens, ne leur enlèvent leur subsistance, ou ne leur apportent les germes des
maladies contagieuses. Il y prévient les accouplemens prématurés, il empêche que les étalons ne servent un trop grand nombre de femelles, que celles-ci ne prennent graisse avant
et après le part, dans la crainte qu'elles ne
périssent ou ne donnent qu'une génération
peu propre à faire souche. Il préside à la naissance des jeunes animaux, et pourvoit à
leur sûreté; il sait distinguer les petits et
la mère de chacun d'eux, afin de les rapprocher lorsqu'ils ne savent pas se retrouver,

ou de forcer les femelles qui n'aiment point leurs petits, à leur donner à téter. De retour à l'étable, il distribue le fourrage, dont il est toujours économe, et dont il ne néglige jamais de s'assurer de la bonne qualité; il en fixe la quantité pour chaque individu, et en écarte avec soin les chardons et autres plantes épineuses qui pourraient s'y trouver et déchirer la bouche des animaux. En un mot, il se distingue en tout temps et en tous lieux, par une probité à l'épreuve, par l'exactitude la plus rigoureuse à ses devoirs, par la régularité de ses mœurs: il sait qu'il a toute la confiance de son patron, son plaisir est de s'en rendre digne de plus en plus.

Tel est, et tel doit être le premier agent de la ferme. Propriétaires, ne ménagez rien pour le découvrir, pour vous l'attacher; traitez-le avec bonté: ses services sont de la plus haute importance; payez-le bien, encouragez-le souvent, que son bien-être augmente à raison de la prospérité de vos troupeaux et des profits que vous en retirez. Un gardien dont le salaire est fixe, qui n'a pas l'espoir de le voir augmenter par des gratifications, néglige ses devoirs, se livre à la fraude, et décide plus ou moins promptement de la ruine du propriétaire : qu'il fasse bien ou mal, le résultat est toujours le même pour lui. Il en serait tout autrement, s'il pouvait espérer des récompenses. L'intérêt et l'émulation sont deux grands mobiles; employés avec habileté, ils procurent des avantages incalculables, toujours inattendus. La Saxe nous en fournit un exemple : les propriétaires de troupeaux n'y accordent aucun appointement aux gardiens, mais ils leur donnent un bénéfice sur le produit du troupeau : il en résulte que les gardiens sont intéressés à la conservation, à la plus grande prospérité des animaux, puisque leur mieux value augmente les avantages qu'ils retirent de leur profession.

Dans l'antiquité, la vie pastorale fut particulièrement honorée ; elle exerçait la plus grande influence sur les mœurs publiques et sur la prospérité de l'agriculture ; nous ne ramènerons point ces temps qui se lient aux premiers âges de la société, mais nous pouvons encore faire renaître leur influence salutaire : commençons d'abord par détruire l'ignorance, les mauvaises habitudes et les préjugés ridicules, tristes restes des siècles de barbarie, qui si long-temps ont rendu méprisable cette fonction importante.

§. II. — *Habitudes à donner aux Animaux.*

L'éducation physique des animaux tend à faciliter leur accroissement, à développer leurs forces, et à les amener au point d'être véritablement utiles. Tous ne le sont pas de la même façon; la chèvre et la vache nous donnent du lait, le mouton nous présente sa riche toison, le bœuf, l'âne, le mulet et le cheval, nous prêtent leurs forces: ils portent ou traînent des provisions et des denrées, ou labourent les champs; le chien fidèle nous aide, par sa vigilance active: tous nous fournissent un engrais qui rend à la terre épuisée sa fécondité; tous contribuent à nos plaisirs comme à nos travaux, à nos amusemens comme à nos fatigues. Mais l'énergie et la durée de ces divers services, sont la conséquence de soins assidus, d'une constitution robuste, de la facilité de respirer le grand air, d'exercices modérés, d'habitudes nouvelles.

Eté comme hiver, l'animal a besoin d'une grande somme d'air atmosphérique; celui qu'il respire sort vicié de ses poumons, et rendrait, en fort peu de temps, son habitation insalubre, si on ne le renouvelait chaque jour, et même plusieurs fois dans la journée. Cette précaution est surtout de la plus haute importance dans les contrées où le manque de bois ne permet pas d'user de ce combustible pour le chauffage, et où, par conséquent, les étables servent d'appartemens au cultivateur, à sa famille et aux voisins, qui se réunissent à eux, pour travailler pendant les longues soirées d'hiver.

Il est important de rendre les animaux dociles; autrement on aura beaucoup de peine, on perdra beaucoup de temps, et les opérations agronomiques auxquelles on les emploie, seront mal faites. La docilité est le fruit de la douceur, de la patience et des bons procédés qu'on a pour eux. Traitez donc vos bêtes avec bonté, caressez-les, et vous les accoutumerez insensiblement à l'obéissance. En maniant quelquefois les cornes, les pieds et même le pis des femelles, pendant leur première gestation, vous les amènerez à se laisser traire, vous les rendrez moins chatouilleuses, moins irritables, et vous leur éviterez les plus grandes difficultés, dans les premiers temps de la mise bas.

La nature a refusé aux animaux le sens du toucher, mais elle les en dédommage par la perfection donnée à leurs autres sens. Rien de si fin, de si délicat, que leur odorat ; la plus légère mauvaise odeur, soit dans le boire, soit dans le manger, les dégoûte. La propreté doit régner partout, non-seulement dans leur habitation, dans leurs alimens, mais encore sur eux. On est généralement dans l'usage de ne point étriller, ni bouchonner, ni brosser les chevaux qui prennent le vert en liberté; il est même quelques cultivateurs qui pensent que les bœufs engraissent plus vite lorsqu'ils couchent sur la litière pourrie : aussi prétendent-ils qu'on ne doit ni nettoyer le poil, ni même renouveler fréquemment l'air de l'étable. D'autres, regardant le pansement de la main, non comme un simple moyen de tenir propres les chevaux, et de désennuyer ceux qui sont condamnés à une trop continuelle inaction, assurent qu'il favorise la transpiration, et qu'il est indispensable de détacher la crasse avec l'étrille, de l'enlever exactement partout avec la brosse, l'époussette et le bouchon, de nettoyer le sabot, de crainte que les ordures qui s'amassent autour ne le ramollissent, et n'occasionent quelques accidens. Les maladies de la peau, souvent si graves, vien-

nent du défaut de propreté ; on les évitera
par un pansement journalier. Cette espèce de
frictions sèches favorise singulièrement toutes
les fonctions de la vie ; elle ranime la peau,
en ouvre les pores, la maintient dans la souplesse nécessaire au jeu des divers organes, et
dégage les humeurs de toutes les superfluités
nuisibles. L'animal en témoigne son plaisir
par la joie qu'il éprouve en voyant son bienfaiteur; il mange avec plus d'appétit ; les
vaches, les chèvres, les bufflesses, donnent
une plus grande quantité de lait, le cheval,
le bœuf, l'âne et le mulet, travaillent une
heure de plus par jour, tous brillent d'une
santé robuste, et sont bien plus difficilement
sujets à succomber aux contagions. La propreté est le premier appui de l'existence. Le
porc lui-même, que l'on considère partout
comme sale de son naturel, ne prospère réellement, ne devient très-gras, que lorsqu'on le
tient très-propre, qu'il repose dans un lieu
commode, où il trouve un grès et des poteaux, contre lesquels il peut se frotter souvent, et nettoyer parfaitement son poil.

A cette opération, il faut joindre la promenade et les bains. La promenade est un
exercice doux, qui fortifie les jeunes animaux,

entretient le désir de s'exercer qu'ils manifestent dès le premier mois, et leur prépare
une bonne constitution. « Sans l'exercice et
« le repos, comme le dit Bourgelat, la
« machine animale serait bientôt détruite.
« L'exercice, quand on le borne à un mou-
« vement modéré, aide à l'insensible trans-
« piration, qui est la principale des excré-
« tions; il subtilise les liqueurs, il en en-
« tretient la fluidité, il augmente la vélo-
« cité de la circulation, il fortifie les parties
« solides, il tient les cavités des petits vais-
« seaux ouvertes, il éloigne une foule de
« maladies qui dépendent de l'abondance des
« humeurs, de leur impureté, de leur sta-
« gnation, de l'engorgement et de l'obstruc-
« tion des viscères; il ranime les forces bien
« loin de les abattre, il rappelle l'appétit qui
« languit, il remédie aux vices du ventricule,
« et ses effets influent sur toute l'économie
« des mouvemens vitaux (1). »

Les bains conviennent à toutes les bêtes, ils
les délassent, les nettoient et favorisent le
développement des forces. Ils sont surtout

______

(1) *Traité de la conformation extérieure du cheval*, §. 77,
p. 401 de la septième édit.; 1 vol. *in-8°*. Paris, 1818.

d'une grande importance dans les temps chauds et secs, quand il règne une maladie inflammatoire dans le voisinage, etc.; mais il ne faut les permettre que deux ou trois heures après les repas, les y conduire lentement, les ramener plus vite, et les bien essuyer avant de les rentrer à l'étable. Les lotions froides à grande eau, sont d'excellens moyens de santé, quand on les administre avec précaution. Le bain et les lotions d'eau tiède, que l'on emploie quelquefois, et auxquels on devrait recourir plus souvent, causent bien moins d'accidens que les lotions d'eau froide. A l'école vétérinaire de Berlin, et chez quelques grands propriétaires de la Prusse, on voit une espèce de cuve en pierre, assez large pour qu'un cheval puisse s'y tenir debout, et s'y tourner aisément, c'est là qu'on lui fait prendre des bains tièdes. L'accès de cette cuve est facilité par un talus qui vient de loin, et qui se termine au fond de la cuve. Dans un local voisin, est la chaudière, à laquelle on a adapté un thermomètre au mercure, dont la dilatation, parvenue au degré nécessaire, excite le battement d'une cloche, et fait lever une soupape, par où l'eau s'échappe, et vient remplir la cuve. Du local où se trouve le bain, on fait passer le cheval dans une écurie à deux places, que l'on chauffe au moyen d'un bon poële. Des bains de vapeurs seraient préférables, mais il n'existe pas encore d'établissement, où l'on puisse les faire prendre.

Habitués de bonne heure à tous ces soins, les animaux acquièrent promptement toutes leurs forces physiques, et conservent toujours la docilité du premier âge, si nécessaire pour les conduire en troupeaux, et pour les former aux occupations rurales. Ceux que l'on a maltraités dans leur jeunesse, se refusent à toute espèce de travail; ils restent dans un état constant d'irritation, qui ne permet pas de les aborder sans danger, qui les rend inutiles, et oblige à les livrer de suite au boucher.

A trois ans, l'animal qu'on destine au labour ou au charriage, a acquis tout son développement, et peut être mis au travail. Il ne faut pas l'y forcer tout d'un coup, mais l'y amener peu à peu, par la patience et la douceur. Sans ce ménagement, il s'épuiserait avant le temps, il s'affaiblirait pour toujours, ou bien il périrait au bout de quelques mois; si on le maltraitait, il perdrait courage, et ne ferait plus d'efforts, ou il s'irriterait au point d'en devenir furieux. Pour lui conserver sa

vigueur, pour l'augmenter même, il est indispensable de n'exiger que progressivement le
service qu'on attend de lui. On commence par
lui mettre sur la tête des cordes, des chaînes,
un joug, et en même temps on le caresse, en
lui donnant des graines à manger dans la
main. Ce manége doit se répéter pendant
quelques jours, et plusieurs fois dans la journée. Quand on s'aperçoit qu'il y est un peu
familiarisé, on lui passe un collier. Au bout
de quelque temps, c'est le joug lui-même que
l'on fixe sur la tête des couples, au préalable
assortis, pour ne leur laisser d'abord que peu
d'instans. Le lendemain on leur assujétit plus
long-temps, et progressivement on leur fait
faire une promenade dans la cour ; on leur
donne ensuite une planche, une poutre, un
timon, une herse à traîner ; enfin on les met
à la charrue ou à la voiture pour une heure,
pour quatre heures, pour un jour, en les
faisant travailler avec des couples bien dressés,
et en n'exigeant pas beaucoup d'eux pendant
les premiers mois. Ce n'est qu'après environ
une année de ménagement, qu'on peut exiger
d'eux le service ordinaire.

Chez le bœuf et le buffle, l'épaisseur des os de
la tête au-dessus du front, les armes redouta-

bles que la nature y a placées , la disposition de ces animaux à se servir toujours de cette partie , tant pour attaquer que pour se défendre , tout indique que c'est là qu'il faut faire porter le poids du travail. Si, agissant autrement, on attèle un bœuf ou un buffle avec un collier, comme cela se voit dans nos départemens du Rhin, de la Moselle , du Puy-de-Dôme, du Cantal , de l'Isère, dans les Cévennes et le Haut-Piémont, ou bien avec une bricole, des mors à brides, comme dans les environs de Berne , de Fribourg, en Suisse , et à Rougham , dans le comté de Suffolk, en Angleterre , on le met dans l'impossibilité de déployer toutes ses ressources. Les ételles du collier qui s'appuient sur le devant du garrot , et sur le grand angle , froissant plusieurs parties molles et sensibles, contre les apophyses épineuses des vertèbres dorsales, occasionent à l'animal des douleurs qui l'empêchent d'agir aussi franchement que si on lui mettait un harnais mieux approprié. D'ailleurs, le collier est lourd, il gêne la marche, il s'adapte mal aux différentes formes qu'affecte l'épaule pendant son mouvement, et ne peut point convenir dans toutes les localités. Il est des lieux raboteux et pleins d'aspérités, couverts

de rocs, que le sillon doit contourner ; là le
bœuf, faute de pouvoir suivre les mouvemens
du terrain, userait ses forces contre un obstacle invincible ; il briserait le soc et la charrue (1).

Quoique le joug convienne mieux que le
collier et les autres attelages, il n'est cependant pas sans inconvéniens. En accouplant
deux bœufs ensemble, on force l'un et l'autre
de suivre en esclave les attitudes et les mouvemens de son camarade, et il en résulte une
fatigue d'autant plus considérable, que les
deux individus sont moins bien appareillés
du côté de la taille, de la force et de la vivacité. Cet inconvénient est plus grave, lorsque
l'un des deux vient à se coucher, ce qui n'est
pas rare dans les haltes. Et comme le joug
n'est presque jamais approprié à la conformation de la tête, qu'il est le plus souvent ou
trop long ou trop court, il en résulte que les

____

(1) Les colliers des Flamands et des Anglais sont
très-petits, rembourrés de crin, et sont faits exactement
sur le poitrail du cheval, ou de tout autre animal qui
doit le porter. Les ételles, chez les premiers, sont en
bois, peu larges et sans oreilles ; chez les seconds, elles
sont en fer de fonte.

animaux ont la tête inclinée l'un vers l'autre, et qu'au lieu de pousser devant eux, ils s'appuient en dedans, ils ébranlent le fardeau, beaucoup moins qu'ils ne travaillent à établir entr'eux un équilibre souvent rompu. Les secousses qu'ils éprouvent ainsi, leur font perdre des forces, et ajoutent considérablement à la fatigue.

On a cherché à tempérer ces fâcheux effets. Dans les Alpes, en Savoie, dans cette partie du département de l'Ain, appelée le Haut-Bugey, et aux environs de Genève, on attèle les bœufs à deux jougs, l'un semblable à celui dont on se sert le plus généralement, et que l'on fixe aux cornes à l'aide de courroies; l'autre plus léger, un peu aplati et courbé, selon la forme de la partie inférieure du col, où il est supporté. Ce second joug partage avec l'autre le point d'appui de la puissance, en soutenant le poids du timon, dont la tête n'est plus chargée. Dans le Valais, on se contente de poser sur le col de l'animal, un joug très-léger, qui n'y est retenu que par le durillon formé par son action continuelle sur cette partie, et par une courroie lâche, passant sous le fanon. En Bavière, en Saxe, et principalement dans le pays de Bareuth, on se sert

d'une espèce de frontal, que les Allemands
nomment *stirnblatt*. Il est en bois ; sa forme
est aplatie, courbée ; sa longueur, un peu plus
considérable que la largeur de la tête ; les deux
bouts sont moins larges et moins épais que le
milieu ; sa face concave s'appuie au-dessus du
front, et porte deux échancrures répondant à
l'origine de chaque corne. Une bande de fer
recouvre la face convexe, ainsi que les échancrures, et, dépassant le bois, s'arrondit et
forme à chaque bout une anse allongée, dans
laquelle s'engage un anneau mobile ; cette
bande s'aplatit de nouveau, et se fixe à la
face concave, par des clous rivés. La même
face concave est garnie d'un coussin de crin
ou de bourre, recouvert d'un cuir cloué sur
les bords du bois, dans toute sa longueur.
Dans chacune des échancrures, entre le bois
et la bande, passe une courroie portant une
boucle, laquelle, embrassant le bois et la
corne, fixe le frontal. Les anneaux reçoivent
le bout des traits attachés à la charge, et
l'attelage est complet. Par ce moyen, le bœuf
a la tête libre, et peut exécuter tous les mouvemens qu'on lui demande, et de la manière
le plus à son choix ; sa marche est plus rapide,
et la fatigue beaucoup moindre.

Telles sont les principales méthodes d'attelage le plus généralement usitées. Elles me paraissent susceptibles de perfectionnement. Qu'il me soit permis de soumettre aux praticiens quelques observations à ce sujet.

Le mouvement, dans les animaux, est, en général, un acte d'ensemble. Toutes les parties mobiles et musculaires sont en action: elles concourent, d'une manière surprenante, à l'effet général, et cela, de telle sorte, que si on arrête le jeu d'un seul membre, on diminue proportionnellement le jeu de tous les autres, on empêche leur entier développement, ou diminue la somme de leur énergie. Mais pour rétablir l'équilibre, sans cesse rompu par la marche, la nature a pourvu chaque être animé d'un balancier. Quand l'homme contrarie, par système ou par ignorance, cette combinaison, il se prive d'une partie de ses forces, s'il agit sur lui-même, ou de celles des animaux qui le servent, si c'est sur eux que porte son action. Chez l'homme et le singe, les deux bras et la tête font l'office de balanciers; chez les oiseaux, la tête et la queue remplissent le même objet; chez les quadrupèdes, c'est la tête seulement. La liberté du mouvement dans cette partie est donc plus nécessaire encore à ces derniers, qu'elle ne le serait à l'homme ; aussi, est-on sans excuse, quand on gêne ce mouvement dans toute autre vue que de dompter un animal, ou de se mettre à l'abri de ses vengeances, lorsqu'il s'irrite de nos mauvais procédés. Dans ce cas, le joug peut être considéré comme une espèce de transaction, entre le desir d'employer à notre usage les forces de l'animal, et le besoin de subjuguer son indépendance ; nous renonçons, pour nous procurer la sûreté, à une portion de ses forces; un tel sacrifice n'eût pas été nécessaire, si nous eussions employé la voie de la douceur.

Ces réflexions frappèrent sans doute un habile agronome du département de Saône-et-Loire, feu GIRAUD DE MONTBELLET (1), lorsqu'il inventa son harnais-bretelle, au moyen

(1) Il était né à Lyon en 1760, où il mourut le 27 août 1815. L'agriculture lui doit des améliorations remarquables : il a introduit, dans le département de Saône-et-Loire, ainsi qu'aux environs de Lyon, des charrues propres à défoncer la terre, plus profondément qu'on ne le faisait avant lui; l'usage de faucher les blés; la culture de beaucoup d'arbres exotiques, principalement du mélèze, dont il a fait de très-belles plantations en plaine, etc., etc.

duquel le cheval, comme le bœuf, le taureau
et le buffle, traînent plus facilement leur fardeau, allongent davantage le pas, et souffrent
beaucoup moins qu'avec les harnais ordinaires, qui les gênent et contrarient la liberté de
leurs mouvemens. Le principe de ce harnais
est le même que celui de la bretelle des porteurs
de chaises ou des gagne-petits traînant char-
rettes. Deux écharpes croisées sur la poitrine,
et aboutissant chacune à un trait, en sont les
élémens. La sellette du harnais-bretelle n'est
qu'un coussinet, d'où part un collier d'un
simple cuir. A ce collier tient une martingale;
sur le point de réunion est cousu un dé, où
passe la chaînette. Le trait est bifurqué, et
la barre de la sous-ventrière est divisée en
trois parties. Du coussinet s'échappe un bout
de cuir, auquel est suspendu un triangle, qui
porte, d'une part, le trait; de l'autre, le contre-sanglon de la sous-ventrière. Les trois côtés
du triangle sont terminés par trois anneaux,
qui portent chacun une courroie redoublée.
Une croupière maintient en place la sellette,
et pour faciliter le raccourcissement ou l'allon-
gement, suivant la taille de l'animal, les bras
du collier et sa martingale, sont partagés en
contre-sanglons et boucleteaux. Trois dés

fixés sur la sellette, servent à soutenir les
rennes et le bridon. Pour adapter ce harnais
à la limonière, on n'a besoin que d'y ajouter
deux courroies de dossière, que l'on passe aux
dés des barres de la sous-ventrière. Quand
l'animal donne dans les traits, au premier
effort, la barre est attirée en arrière ; elle
entrainerait la sellette et la sous-ventrière,
sans la résistance du collier et de la martingale. Alors l'action du tirage se trouve distri-
buée sur toute la circonférence de l'avant-
main. Elle embrasse la masse entière de l'animal. (*Voyez la pl. I.. fig.* 1.)

Le harnais-bretelle n'offre point de corps
dur; quelque variété de formes qu'affecte successivement l'épaule dans le mouvement de
progression, toujours il s'y moule exactement.
Sa pression est constamment égale sur toute
son étendue. Aussi le cheval y développe-t-il
ses forces avec une facilité remarquable, d'où
résulte une accélération sensible dans sa marche. Sans autres pièces que le coussinet et le
collier, l'animal peut, dans une descente
douce, retenir une voiture légère ; mais si
la descente est rude et difficile, l'avaloir lui
est indispensable. L'avaloir du harnais-bretelle est terminé par deux courroies de recu-

HARNAIS BRETELLE.

lement , et s'attache aux anneaux des traits. Il conserve au cheval son parallélisme au timon, et conséquemment toute sa force.

Le harnais-bretelle , employé pour les bœufs, présente encore plus d'avantages. Il les affranchit de la contrainte du joug, il leur rend le balancement de tête si favorable au mouvement de progression, cette attitude naturelle, cette liberté d'actions, sans lesquelles il n'y a ni sûreté, ni rapidité dans la marche. Ce n'est pas que le joug ne puisse être concurremment employé à porter le timon, à contenir la tête, et même à retenir la charge. Par cette adjonction, l'avaloir peut être supprimé, et le harnais simplifié. Il est avantageux d'établir le coussinet en avant du garrot. Ce déplacement exige que le collier soit plus court, et les barres plus longues. La martingale doit aussi être faite de deux courroies, pour loger entr'elles la proéminence de ces animaux. (*Voyez la pl. I., fig.* 2.)

Rien de plus facile que la pose du harnais-bretelle. Voulez-vous éviter , surtout pour les bœufs, l'embarras de passer le harnais à la tête ? débouclez préalablement le côté de dehors du collier. Jetez alors le harnais sur le dos, refermez le collier, passez la sous-ven-

ventrière dans la martingale, et bouclez le
contre-sanglon. La bête sera harnachée sans
avoir détaché le licol ni le joug. Préfère-t-on
de passer le harnais au col? l'opération se réduit à enfiler la sous-ventrière dans la martingale, et à la boucler.

Dans tous les cas, la courroie de direction,
celle de reculement et les traits peuvent demeurer fixés à la voiture, lorsqu'on dételle;
et l'on peut atteler de nouveau sans y toucher.
Si l'on trouve qu'il soit trop long et trop
embarrassant de boucler et déboucler le harnais, pour l'ôter et le mettre sans le passer à
la tête, on peut remédier à cet inconvénient,
en séparant le collier en deux branches. A
celle du dehors est suspendue la martingale,
et on la coud en biais, en raison du changement de direction. L'autre branche se termine en une ganse courte, dans laquelle on
enfile la martingale; et, pour que le collier
ne se serre point, on applique sur la branche
de dehors un boudin de cuir, qui fait arrêt.
Cette forme n'est bonne que pour des harnais
de bœufs, attendu qu'elle n'est point agréable,
et qu'elle rend plus difficile le placement du
dé de poitrail.

Je suis entré dans tous ces détails, pour

faire connaître une méthode de harnachement, propre à diminuer considérablement les fatigues de ces pauvres animaux, qui nous aident de tant de manières, et dont les souffrances sont un outrage fait à la nature, et une atteinte portée à nos intérêts. Puisse cette méthode devenir bientôt d'un usage général!

CHAPITRE VI.

Exercices et travaux.

L'EXERCICE fortifie tous les organes, en y attirant sans cesse l'énergie vitale. Il concourt essentiellement à la beauté de l'espèce, à la santé et à la conservation de l'individu : c'est pourquoi XÉNOPHON (1) le recommandait autant que la bonne nourriture. Mais il doit être proportionné à l'âge et à la force de l'animal, à la nature du climat, à la quantité et à la qualité des alimens, à la durée du travail ou du repos, etc. L'excès est nuisible ; il affaiblit singulièrement, et ôte bientôt aux organes le jeu et le ressort nécessaires pour maintenir l'équilibre parfait entre les diffé-

____

(1) *Equitat.*, IV. 2.

rentes parties du corps. D'un autre côté, l'i--
naction n'est pas moins fâcheuse, en ce qu'elle
amène promptement l'obésité, le dégoût,
une vieillesse prématurée, et la ruine totale
des plus importantes fonctions de l'existence.
C'est particulièrement dans le premier âge,
que l'exercice est nécessaire aux animaux. Ce
besoin est très-prononcé dans tous, à l'exception des ruminans, dont l'organisation singu-
lière demande plus de repos.

Le besoin plus ou moins grand d'exercice
qu'a un animal, va nous révéler la mesure
du travail que nous pouvons lui demander.

Ce serait une erreur de croire que la force
réside dans la taille. Un grand cheval imprime
une action plus forte, mais il soutient moins
bien et moins long-temps la fatigue, qu'un
cheval de moyenne taille; celui-ci, à son tour,
montre moins d'ardeur et de courage qu'un
petit cheval. Il en est de même des autres bêtes
de somme.

Depuis la découverte du dynamomètre,
dont l'invention appartient toute entière à
M. Edme Regnier, on peut, avec quelque
certitude, mesurer comparativement la force
musculaire de chaque animal, distinguer
très-bien ceux qui sont francs du collier, de

ceux qui se rebutent aisément, et par conséquent proportionner les charges à leur action
réelle et possible, sans abuser de leur constitution. Il résulte de nombreuses expériences,
faites à ce sujet, que les bêtes de trait peuvent
agir, pendant une journée, sans employer plus
que le cinquième de leurs forces absolues.

On croit, assez généralement, que les animaux assujétis à l'état domestique, ont perdu,
dans la société de l'homme, une grande partie
des forces que la nature leur avait primitive-
ment accordées. On appuie cette assertion
sur l'exemple des bêtes sauvages; mais les
bêtes sauvages sont-elles réellement plus fortes
que nos animaux domestiques? Nous n'avons
aucune donnée certaine à ce sujet; et, s'il est
permis de hasarder quelque conjecture, peut-
être pourrions-nous établir l'opinion contraire, en tirant des inductions générales des
observations comparatives, faites par l'illustre
et infortuné naturaliste Péron (1), sur les
nations sauvages de la terre de Diemen, de
la Nouvelle-Hollande et de Timor? Et puisqu'il est constant que les sauvages sont bien

____

(1) *Voyages de découvertes aux Terres Australes,*
tom. I, chap. XX, p. 446 à 484.

moins forts que les hommes civilisés; puisqu'il paraît démontré que le perfectionnement de la vie sociale, loin de détruire les
forces physiques, les augmente, en favorise
l'accroissement par l'excellence des alimens,
par des exercices modérés, ne pourrait-on
pas en conclure que partout où les animaux
domestiques sont traités avec douceur, bien
nourris, employés à des travaux calculés sur
l'étendue du repos et de la fatigue, dévelop-
peront une somme de force très-supérieure à
celle de leurs espèces, jouissant d'une pleine
liberté ?

Le législateur des Hébreux défend au laboureur d'atteler l'âne avec le bœuf (1), parce
que l'inégalité des forces faisant peser toute
la charge sur le moins vigoureux, l'expose
à se ruiner en très-peu de temps, ou à se
rebuter. Cette loi juste est méconnue dans
beaucoup de pays de petite culture, où l'on
place sous le même joug un jeune et un vieux
bœuf, et dans nos départemens du Rhin,
surtout aux environs de Strasbourg, où l'on
voit non-seulement des chariots attelés d'un
bœuf et d'un cheval; mais encore le bœuf,

______

(1) *Deuteron.*, XXII. 10.

placé à la gauche, contraint de porter le con-
ducteur, et de marcher toujours au trot.

C'est abuser des forces de la vache, que de
vouloir l'employer à la culture des terres ;
c'est vouloir faire perdre au chien ses qualités
vraiment utiles, tous ses agrémens, son intelligence et sa touchante sensibilité , que de
le condamner à charrier des fardeaux : depuis
quelques années on l'attelle à des voitures
lourdement chargées , et quelquefois même
on l'oblige à traîner en outre le maître im-
pitoyable, qu'il implore en vain. On va plus
loin encore, on pousse l'impudeur jusqu'à
soumettre au harnais et au joug, la chèvre et
le mouton, beaucoup plus délicats , encore
moins bêtes de somme que le pauvre chien.
Qu'espère-t-on de cette prétendue conquête,
faite en dépit de la nature ? N'est-ce pas le
comble de la plus grossière barbarie ? Quels
avantages peut-on espérer d'animaux qui ne
sont point organisés pour des exercices aussi
violens ? En vain la brutalité les y contraint ;
on ne gagne rien à confondre ainsi toutes
les idées ; jamais on n'obtiendra d'eux les
services que l'âne nous offre partout, même
dans les lieux les plus escarpés et les plus
difficiles. Egalement propre à porter et à

traîner des fardeaux, cet animal, tant décrié, peut encore être employé à tous les travaux des champs. Aussi sobre que peu délicat dans ses alimens, il se contente de tout ce que les autres bestiaux dédaignent et refusent ; patient à l'excès, courageux au milieu des fatigues et des privations, il surpasse le bœuf et le cheval, par l'ensemble des qualités les plus actives et en même temps les plus utiles. Malgré tant de titres, malgré des dons naturels aussi précieux, l'âne est réduit à l'esclavage le plus ignoble et le plus dur ; il est l'objet du mépris, du ridicule, de l'abandon, d'une persécution permanente ; au lieu d'accepter le tribut de ses forces, de sa robuste santé, des secours qu'il est en état de rendre en tout temps à l'agriculture, on va dénaturer des êtres faibles, on va leur demander des fatigues supérieures à leurs forces, les abâtardir, les épuiser, les anéantir et les réduire à l'état le plus misérable. Une pareille conduite serait inexplicable, si nous ne voyons pas journellement la mode et l'habitude sacrifier l'utile au ridicule, si nous ne savions que, parmi les hommes, modestie, simplicité, patience, talens et sobriété, ne sont que trop souvent des motifs de dédain, d'abandon et de persécutions.

Lorsque les bestiaux partent pour les travaux des champs, surtout dans les temps des grandes chaleurs, pendant la durée des labours et des hersages, il est prudent de les frictionner avec de fortes décoctions de tabac (*nicotiana tabacum*), d'absinthe (*artemisia absinthium*) et de tanaisie (*tanacetum vulgare*), afin de les garantir de l'approche des moucherons, des taons, des frelons et de la vermine, qui s'attachent souvent à leurs corps, et s'y multiplient prodigieusement, gâtent leur peau, leur robe, et les font maigrir à vue d'œil. Quelques propriétaires croient bien faire de joindre parfois à ces lotions des substances vénéneuses, telles que l'arsenic, le sublimé corrosif, et autres matières de ce genre ; ils ont tort : l'animal, en se léchant, peut en avaler assez de parcelles pour déranger les fonctions de l'estomac, et par l'action seule de la salive, il peut encore produire sur sa peau l'effet d'un caustique.

Après le travail, et une fois rentrés à l'étable, les animaux doivent être bouchonnés et étrillés exactement : l'étrille passée sur toutes les bêtes à poil, nettoie la peau, la ranime ; les pieds seront visités et débarrassés des pierres, graviers, etc., qui pourraient fouler

la corne, les faire boîter ou les estropier ; on
leur laisse prendre un peu de nourriture,
puis on les mène boire, et l'on fournit à
chacun séparément sa portion de fourrage,
afin que le plus gourmand et le plus prompt
ne mange pas la portion de ceux qui sont à
ses côtés. Ils se reposeront ensuite. Pendant ce
temps, le gardien lavera le mors des brides :
la salive qui y croupit, contracte une fétidité,
laquelle jette ordinairement l'animal dans un
dégoût quelquefois invincible ; il frottera les
harnais, il les battra et les graissera, toutes les
fois qu'ils auront été mouillés, ou qu'ils seront desséchés ou durcis. Quant à la selle et à
ses panneaux, aux colliers et sellettes, il les
exposera au soleil pour les faire sécher, et
avant de s'en servir, il les battra avec une
gaule, afin d'en rompre la dureté, et leur ôter
une roideur capable de blesser ; ceci est un
point très-important : toute contusion, toute
écorchure, toute plaie sur le corps, et particulièrement dans les lieux où portent et
reposent les harnais, quelque peu dangereuses
qu'elles puissent être en elles-mêmes, déran-
gent l'animal, le mettent hors d'état de faire
convenablement son service.

Le temps du travail devrait être fixé, dans

chaque saison, d'après la nature de ce travail, et l'espèce de nourriture que l'animal reçoit; on ne suit ordinairement aucune règle à cet égard. En été, où les forces s'épuisent promptement, où toutes les opérations pénibles devraient se faire avec mesure, le matin, le soir, ou même la nuit, c'est, au contraire, le temps des plus grandes fatigues; on travaille davantage parce que les jours sont plus longs, et que l'ouvrage presse beaucoup plus. En hiver, quoique les froids soient moins à craindre, et leurs effets plus aisés à prévenir que ceux des grandes chaleurs, les animaux de la ferme sont obligés à un repos presque permanent, dans des écuries le plus souvent étouffées et très-chaudes, ou bien ils sont condamnés à charrier pendant la neige, la pluie, les ouragans. On pourrait, et l'on devrait même changer cette marche. Il serait convenable, par exemple, qu'en été les bestiaux fussent mis à la charrue seulement le matin jusqu'à dix heures, et le soir une heure avant le coucher du soleil, et que les charriages se fissent la nuit; il faudrait pendant l'hiver que ce ne fût qu'au milieu du jour. On ne saurait trop prendre de précautions, pour conserver ses bêtes en

bonne santé, puisque c'est de ces soins minutieux que dépendent en partie la prospérité
de l'agriculture, et la richesse des propriétaires.

CHAPITRE VII.

De la ferrure.

On est maintenant, dans toute l'Europe,
en usage de garnir les pieds des animaux de
travail d'une chaussure en métal. Le but de
cette pratique est d'assurer leur marche, et de
leur alléger le poids de la fatigue.

La ferrure remonte aux âges les plus reculés. Ce ne fut, dans l'origine, qu'un objet
de pur ornement. On commença d'abord par
se servir de sabots d'airain (1), puis d'or (2),

(1) Homère, *Iliade*, VIII. 41 ; XIII. 23 : etc. Des
auteurs nient que le poëte veuille parler ici de sabots
faits d'airain : à les en croire, Xénophon n'aurait
pas manqué d'en faire mention, lorsqu'il traite,
dans son livre *de l'Équitation*, et dans celui *du Maître
de Cavalerie*, des moyens de conserver l'ongle du pied
du cheval ; mais on peut répondre que la chaussure
des animaux n'étant encore qu'un objet de luxe, l'illustre disciple de Socrate ne devait pas s'en occuper.

(2) Pline, *Hist. natur.*, XXXIII. 11.

d'argent (1) et de fer (2), que l'on fixait avec des courroies ou lanières de sparte (*stipa tenacissima*) et de cuir, des rubans brodés, etc. Ces lanières tournaient quelquefois simplement autour de l'ongle ou même du paturon; mais le plus ordinairement elles embrassaient la jambe jusqu'au genou. Les anciens appelaient cette opération *chausser le pied* (3); ils nous ont laissé des monumens qui suppléent au silence des auteurs arrivés jusqu'à nous, et nous enseignent comment elle se faisait (4).

Presque tous les commentateurs ont confondu le sabot de métal, avec l'espèce de sou-

(1) Suétone, *de* XII *Cœsar.*, VI. 50.

(2) Catull., *Carm.*, XVIII. 26 ; Lucian., *Navig.*, p. 505 du tom. II, éd. in-8° de Amsterdam, 1687 ; Vegetius, *de Arte veterin.* I. 56.

(3) Suétone, loc. cit., VIII. 23.

(4) Sur un camée du cabinet de Stoch, *Collect.*, planche 169, on voit un soldat chaussant son cheval ; il est à genoux devant l'animal ; il tient de la main droite un de ses pieds, qu'il a passé dans le sabot, et qu'il fixe au moyen de courroies. Plusieurs bas-reliefs antiques, un entr'autres existant à Londres, au Musée britannique, représentant des courses de chevaux, portent des figures de cet animal ayant les jambes antérieures enveloppées de courroies qui soutenaient le sabot de métal.

liers, ou plutôt de bottines, que les Grecs nommaient *carbatinai* (καρβάτιναι), faites de peau de bœuf ou de tout autre cuir écru (1), et le plus souvent de nattes de genêt ou de sparte (2), dont on emboîtait le pied des animaux blessés, ainsi que ceux dont la corne était trop molle ou trop sèche, ou qui avaient l'ongle endommagé. Il est cependant présumable que les chaussures de nattes ont été employées par les laboureurs pour les animaux bien portans, comme cela se pratique encore aujourd'hui chez les Japonais, où ces nattes sont tissues de paille seulement (3).

La pratique de chausser avec des sabots en métal le pied des chevaux, des ânes (4), des mulets, des bœufs et même des chameaux (5), nous vient donc des Grecs ; elle fut adoptée

---

(1) ARISTOT., *de Animal. Hist.*, II. 6.

(2) VARRO, *de Re rustica*, I. 23. COLUMELLE, VI. 12. PLIN., *Hist. natur.*, XIX 2. THEOMNESTES, *de Re veterin.*, II. f° 99. VEGETIUS, *de Arte veterin.*, I. 26; II. 45 ; III. 4. ; etc.

(3) KAEMPFER, *Hist. Nat., Civ. et Eccl. du Japon*, tom. II., liv. II., p. 117, éd. in-f°. La Haye, 1729.

(4) Je l'infère, du moins, d'un passage de LUCIEN, *Asin.*, p. 87 du tom. II.

(5) ARISTOT., *de Anim. Hist.*, II. 6.

par les Romains, et par eux apportée dans les
Gaules, où elle subsista jusque vers le commencement du VIIIe siècle de l'ère vulgaire (1).
Ce fut probablement à cette époque qu'on em-
prunta aux Scandinaves (2), nous devrions
peut-être dire aux Goths, qui furent très-ha-
biles dans l'art de travailler le fer, l'usage des
plaques façonnées en croissant, que nous fi-
xons à la sole à l'aide de clous également de
fer; mais tout ce que l'on sait à cet égard est enveloppé d'incertitudes. La première indication claire et précise que nous ayons de l'emploi de la ferrure à clous, date du IXe siècle;
on la trouve dans la *Tactique* de LÉON, de
Constantinople (3). EUSTATHE (4), est, après
lui, le seul auteur qui en parle; encore
ce célèbre commentateur d'HOMÈRE vivait-il
au douzième siècle, c'est à dire, quelques

---

(1) On a trouvé des sabots de fer, en 1813, sur le
mont Auxois, dans la Côte d'Or, parmi les ruines de
l'antique ville d'Alesia, qui fut détruite par CÉSAR; à
Tournai, en 1654, dans le tombeau de CHILDÉRIC, qui
fut enterré avec son cheval de bataille, etc.

(2) HAVENAAL, cité par MALLET, introd. à l'Hist.
du Danemarck.

(3) LEONIS, imp. *Tactica*, V. 4.

(4) *Comm. in* Iliad., **XI**. 152, pag. 836, ligne 60.

I.   9

années après l'introduction de l'art de la ferrure en Angleterre, par SIMON-SAINT-LIZ (1).
La famille de cet intendant des maréchaux
de GUILLAUME, appelé le *Conquérant*, connue dans la Grande-Bretagne, sous le nom
des Ferrers, existe encore à Oakham, dans
le comté de Rutland, où elle a long-temps joui
de droits fort singuliers (2).

Malgré l'autorité des Anciens, confirmée
par une expérience constante, l'usage de ferrer
les animaux de travail, a trouvé des contra-
dicteurs. On a proposé d'imiter les Tartares,
les Mongols, les Persans et les Arabes, qui
élèvent beaucoup de chevaux, et qui ne les
ferrent jamais. Je conviens, avec ses antago-
nistes, que la ferrure peut avoir quelque
danger; mais tout bien pesé, les avantages me

___

(1) *Archæologia, or miscellaneous tracts relating to
antiquity*; London, 1775, in-4°, tom. III, p. 31 et suiv,

(2) Elle portait pour armoiries six fers de chevaux,
et lorsqu'un baron anglais traversait la ville de Nor-
thampton, le canton de Falkley, ou la bourgade de
Oakham, elle pouvait lui confisquer un des fers de
son cheval, à moins qu'il n'aimât mieux payer une
amende. Le fer confisqué ou celui qui le représentait,
était cloué à la porte de l'habitation des *Ferrers*; au
bas on inscrivait le nom du baron.

paraissent l'emporter , principalement lorsqu'elle est faite par une main habile , et après
que le pied de l'animal a atteint le terme de sa
croissance.

Pour le cheval , cette époque est l'âge de
cinq ans ; plus jeune, son pied n'est pas complétement formé , la corne n'a pas encore
acquis toute la dureté qu'elle doit avoir ; si
on le ferrait , on l'exposerait à toutes sortes
d'accidens. Il y a d'ailleurs de l'avantage à
laisser fortifier la corne, et à accoutumer le
cheval à marcher sur un terrain dur et pier-
reux , sa marche n'en devient que plus légère ,
et en même temps plus sûre.

L'âne est plus précoce dans son développement ; son pied peut être soumis à la ferrure
dès l'âge de deux ans. Celui du mulet à cinq
ans , quelquefois à quatre ans et demi , suivant le climat qui l'a vu naître , ou sous lequel
il a été élevé. L'âge, pour le bœuf, est de
vingt-quatre à trente mois. Il n'est guère d'u-
sage de ferrer le buffle ; dans le cas où l'on
voudrait le faire, ce ne devrait pas être avant
deux ans ; à cet âge seulement, son pied a reçu
tout son développement.

La ferrure est une branche très essentielle de l'art vétérinaire. Cependant , elle

est presque partout reléguée en des mains inhabiles, routinières, et malheureusement trop peu surveillées par ceux mêmes qui y seraient le plus intéressés. Quoique fort simple au premier coup d'œil, elle demande une étude toute particulière, un long apprentissage, et plus d'intelligence qu'on ne le croit ordinairement. Un propriétaire jaloux de la prospérité de ses bêtes, ne confiera le pied de celles qui doivent être ferrées, qu'à un homme expert.

CHAPITRE VIII.

Causes de la dégénération dans les Animaux.

DE nombreux troupeaux sont ce que la campagne peut offrir de plus intéressant aux yeux de l'observateur ; leur présence imprime la vie aux champs ; on dirait qu'il y a plus d'ensemble dans toute la nature : rien n'annonce davantage l'intelligence, l'activité et l'indépendance du cultivateur : ce spectacle fait du bien. Quand, au contraire, les bestiaux sont rares, faibles, grêles, la sensation ne saurait être plus pénible ; tout porte l'em-

preinte d'une profonde tristesse qui vient
retomber sur l'âme ; tout dénonce le malheur des peuples et le souffle d'un tyran.
L'esclavage abrutit l'homme ; il n'est plus
pour lui de charmes, tout intérêt est ôté de
la vie ; les champs, objets de tant de délices,
lui deviennent indifférens : il ne doit point
recueillir le fruit de ses sueurs ; les bestiaux
qui, après nos enfans, ont une part si active
dans notre tendresse, attendent en vain de
lui les soins les plus nécessaires ; il les voit
sans pitié souffrir, dégénérer, périr chaque
jour, et lui-même s'étonne, à son réveil, de
se trouver encore sous le chaume qui cache
son désespoir.

L'incurie dans le gouvernement des animaux n'est jamais si fatale, que lorsqu'elle
détourne le cultivateur des précautions qu'il
doit prendre pour empêcher la dégénération
des espèces. La plus essentielle de ces précautions, est celle qui porte sur l'accouplement.

Personne n'ignore qu'en employant les
semences avant leur parfaite maturité, ou
quand le temps les a détériorées, l'on n'en
obtienne que des plantes chétives, étiolées,
sans valeur, et dont les fruits n'ont aucune
qualité. Cela est également vrai des animaux.

Laissez-les obéir aux premières invitations de la nature, comme les végétaux dont nous venons de parler, ils ne donneront naissance qu'à des êtres faibles et informes.

Les petits des animaux trop âgés sont également languissans et sans nerf. Un cheval né d'un vieux étalon montre, à travers sa jeunesse, des yeux caves, l'oreille basse et tous les autres signes d'une faiblesse innée ; il n'a point le feu, l'impétuosité de celui qui a reçu le jour d'individus plus jeunes ; il se casse de bonne heure ; si on l'appelle à se reproduire, on abrègera sa vie, et les êtres auxquels il donnera l'existence, seront mesquins, rabougris, dégradés, incapables de tout service.

Le pâturage commun donne encore lieu à un autre désordre non moins grave. On y voit souvent, parmi les bêtes chevalines et asines, dix ou quinze mâles pour une femelle, et parmi les bêtes à cornes, un seul taureau pour cent et cent cinquante femelles, jeunes ou vieilles, fortes ou faibles, trop ardentes ou déjà épuisées. L'approche de ce seul mâle allume le feu du désir dans toutes les femelles à la fois. Il veut les satisfaire toutes, il dépasse la limite de ses forces, il s'épuise en un moment, et les fruits de son union présentent les

mêmes imperfections que ceux des accouplemens prématurés ou tardifs; lui même, par
cet usage abusif des facultés génératrices, voit
arrêter dans son principe son propre développement. Sa dégradation est infiniment plus
rapide encore, quand il est mis à cette épreuve
avant l'âge convenable; ou si l'on n'attend
point que, par une bonne nourriture, il ait
réparé ses forces épuisées, et qu'il soit en état
de redemander à la masse des organes ces
molécules productrices que Pythagore et les
disciples du Lycée appelaient la fleur du sang
le plus pur. Les premiers effets de la dégradation portent sur la taille, sur l'énergie et la
durée de la vie même.

Il y a plusieurs autres causes de dégénération, que l'on peut regarder comme l'effet de
la nature des herbages, des eaux et du climat.
Les belles vaches flamandes et suisses, si re-
nommées par la quantité de lait qu'elles procurent, dégénèrent en fort peu de temps lorsqu'on les fait multiplier dans les environs de
Paris; le bœuf, transporté dans l'OElande et
la Gothie, y devient de petite taille, blanc et
sans cornes; la brebis-mérinos, dont la toison soyeuse est si belle et si recherchée, ne
donne, sous le ciel brûlant de l'Éthiopie,

qu'une laine forte, dure, noirâtre comme du
crin, etc.

Les malheurs de la guerre, des impôts mal
assis, la fausse politique des gouvernemens,
et les vexations en tous genres de leurs agens,
sont de nouvelles causes de la dégénération
des animaux. L'abâtardissement de l'espèce
chevaline dans la ci-devant Lorraine et les
pays limitrophes, date de l'époque des guerres
de Louis XIV. Les fermiers, continuellement
vexés, soit pour les charrois militaires, soit
par l'enlèvement forcé de leurs chevaux, pré-
férèrent d'avoir des chevaux dégradés et de
petite stature, afin qu'on ne fût pas tenté
de les en dépouiller. Le mauvais état des bête
à laine de la Sologne est dû à l'obligation, où
l'on était autrefois, de fournir au clergé les plus
belles têtes des troupeaux.

La dégénération a lieu, non-seulement sur
les grandes et les petites espèces de bestiaux,
mais encore sur les volailles et les insectes domestiques. Les abeilles ouvrières ne sont privées de sexe, que par la perte de leurs organes sexuels, faute d'une nourriture convenable dans le premier âge. La poule huppée
du pays de Caux, département de la Seine-
Inférieure, est une variété dégénérée; elle

est très-agréable à la vue, mais elle donne
fort peu d'œufs, coûte beaucoup pour la nourriture, a la vie plus courte, et ne prospère
point partout. Les oies, les canards, les dindons, les pigeons, dégénèrent aussi : mais le
vice s'arrête le plus souvent à l'individu, et
disparaît avec lui ; il ne creuse point dans le
type même de l'espèce, et ne lui laisse point,
comme chez les grosses bêtes, une empreinte
profonde et malheureusement trop durable.

CHAPITRE IX.

De l'amélioration et de la conservation des espèces.

L'ABATARDISSEMENT des troupeaux, au point
où il est porté en Sardaigne, montre le dernier degré d'avilissement dans lequel puissent
tomber les sciences agricoles. Les plus grandes
vaches qu'offre cette île, où les Romains trouvaient autrefois tant de moyens de subsistan-
ces, pèsent à peine quatre vingt-quatre kilogrammes (cent soixante douze livres) ; elles
ne mettent bas que la troisième année, et
donnent seulement un peu de lait au prin-

temps : encore faut-il qu'elles jouissent des meilleurs pàturages. En un tel état de choses, toute amélioration est une tâche longue, pénible ; je pourrais même dire impossible : il faut tout renouveler. Heureusement, c'est le seul pays où l'agriculture se présente sous un aspect aussi misérable, quoiqu'il pût le disputer aux contrées les plus favorisées , par sa situation délicieuse et par la qualité de son sol excellent , susceptible de tous les genres de fécondité. Partout ailleurs, on peut aisément prévenir les désordres qu'entraîne après elle la dégénération des espèces, par des remèdes puisés dans des observations faites avec soin sur les opérations de la nature. C'est par la fidélité que le cultivateur mettra à suivre scrupuleusement les traces de la mère commune, qu'il peut assurer le succès de ses travaux, soit qu'ils aient l'utilité pour objet, soit qu'ils se bornent à l'agrément.

Quand on considère le peu de choses qu'il y avait à faire pour conserver les bonnes races, et combien il serait facile de relever les espèces dégénérées , on ne peut qu'accuser l'imprévoyance des gouvernemens. Cette lacune dans la législation rurale a eu les résultats les plus fàcheux ; elle a tari les sources de

la prospérité des champs, et celles de la puissance commerciale. On doit lui imputer la
rareté des animaux nécessaires au labourage,
le manque d'engrais, et pour le dire, en un
mot, les sueurs de l'homme agricole. C'est
encore aux gouvernemens qu'il faut s'en prendre, si tant de jachères, si tant de marais in-
fects, si tant de bestiaux mesquins déshono-
rent l'agriculture, et si le préjugé public sans
cesse qu'il y a fort peu d'endroits où l'on puisse
avoir des races distinguées par leur force, leur
docilité, leur courage, et la perfection des formes. L'industrie de l'homme triomphe de
tous les obstacles. N'est-ce pas à la sagesse
persévérante de la *Mesta* (1), que les Espagnols
doivent leur belle race de mérinos ? N'est-ce
pas en suivant les principes d'une bonne éducation, que nos colonies d'Amérique se sont
enrichies des quadrupèdes les plus utiles de

----

(1) On appelle ainsi l'assemblée générale que les
propriétaires de troupeaux et les bergers de chaque
province tiennent chaque année, pour traiter de tout ce
qui peut intéresser l'éducation des animaux, des pâturages qui leur conviennent le mieux, et s'assurer de la
conduite des gardiens. Il serait à désirer que l'on publiât
les procès-verbaux de ces réunions.

l'Europe, où ils ont même acquis des qualités importantes et nouvelles ? Dans toutes les localités, on parviendra sûrement à améliorer les races, du moment que l'aveugle cupidité cessera d'appauvrir les jeunes animaux, en les forçant au travail de trop bonne heure, et en les nourrissant mal ; du moment qu'on ne les accouplera plus avant l'âge prescrit par la nature, et qu'on ne suivra plus les habitudes vicieuses que j'ai déjà eu plusieurs fois l'occasion de signaler.

A une certaine époque, que l'esprit de notre âge éloigne de plus en plus, on osait imputer à la nature du sol français le mauvais état et la pénurie des bestiaux. On feignait d'ignorer que c'était sur les rives du Rhône, que les Romains venaient chercher, à grands frais, les chevaux dont ils se servaient de préférence dans les combats, et qu'ils plaçaient sur la même ligne que ceux de Numidie, pour la force et la légèreté (1). Ils étaient également nés sur nos terres, ces chevaux que montait la cavalerie séquanoise, dont l'histoire fait tant d'éloges (2), ainsi que ces belles races de

---

(1) Strabon, *Geog.*, IV., pag. 196.
(2) Cæsar. Tacit. Strab., loc. cité.

» pourceaux, que les Gaulois vendaient aux
« peuples de l'Italie (1), en échange des moutons
« de Tarente, qu'ils élevaient avec tant de
« profit (2).

Quelques propriétaires zélés tentèrent, à
cette même époque, d'améliorer les animaux,
de leur associer des espèces nouvelles, de croiser les races : mais leurs efforts isolés ayant
échoué faute d'encouragement, n'ont servi
qu'à donner plus de puissance au préjugé.
Dès-lors on a vu se perdre les superbes mulets que la France fournissait annuellement à
l'Espagne et aux Colonies, et qui faisaient
l'orgueil, la richesse de nos départemens de
la Charente - Inférieure, de l'Aveyron, du
Cantal et de la Lozère ; ces vieux grisons dont
a stature et le pelage annonçaient une excellente constitution, et cette belle espèce de
baudets du département des Deux-Sèvres, si
remarquable par sa grande taille, et si précieuse pour la multiplication des mulets.

Tel était l'état de la France, sous le rapport des bestiaux, quand la révolution éclata.

---

(1) Varro, *de Re rustica*, II, 4. — Athen., *Deipn.*,
IV et XIV. — Strabon, *Geog.*, IV., pag. 192 et 197.
(2) Strabon, *Geog.* IV.

Cet événement mémorable a imprimé à l'agriculture une existence nouvelle, par l'abolition des droits féodaux, par la division des grandes propriétés, par l'égale répartition des impôts. Nous acquîmes les moutons d'Espagne à laine fine, appelés mérinos; les bœufs d'Italie, plus propres que les autres à la charrue; les buffles, si utiles pour tirer parti des terrains marécageux; les vaches sans cornes de l'Écosse, qui joignent à l'avantage de se blesser moins souvent entr'elles, celui de fournir un lait aussi bon que copieux. De nouvelles conquêtes se préparent encore; elles seront suivies d'autres non moins importantes; les Français d'aujourd'hui ne sont plus ceux dont le cardinal de RICHELIEU disait qu'ils étaient incapables de la moindre persévérance dans leurs entreprises.

L'établissement des haras n'a présenté, jusqu'ici, aucun résultat réel pour l'amélioration et la multiplication des chevaux; ils sont plutôt un objet de luxe, qu'une entreprise d'utilité publique. Par leur propre nature, même en admettant le cas de la meilleure administration, les produits qu'ils donnent se font long-temps attendre, et sont encore rendus incertains par la négligence des préposés. Frappée des vices que les haras présentaient, l'Assemblée Nationale Constituante les supprima, par son décret du 29 janvier 1790, et s'en remit à l'industrie particulière, pour les moyens de retirer nos races de chevaux les plus précieuses de l'état affligeant dans lequel elles étaient alors tombées. Sans doute, en des temps plus calmes, et avec des encouragemens publics, on serait arrivé bientôt au but désiré; mais une longue série d'événemens politiques, de guerres désastreuses, de tourmentes de tous les genres, portèrent l'attention des bons esprits vers des intérêts plus pressans encore. Le mal, loin de diminuer, dut donc nécessairement empirer. Ses progrès furent si rapides; ils se manifestèrent par tant de signes à la fois, qu'en 1795, on crut devoir rétablir les haras; on en augmenta le nombre, et en même-temps on ouvrit mille routes nouvelles aux abus qui les avaient fait proscrire auparavant. Des réclamations s'élevèrent de toutes parts, et l'on prétendit y avoir satisfait, en réduisant le nombre des haras à six, qui eurent chacun quatre cents chevaux, et cinq dépôts ou succursales, possédant ensemble deux cents étalons. Le mal est toujours le même. En re-

levant cet édifice informe, on a jeté dans son
sein un germe de destruction. Je veux parler
de l'obligation qu'on impose à ces établissemens, d'aller, chaque année, chez l'étranger
mendier des chevaux, excellens sans doute
dans leurs pays, mais qui, rendus en France,
n'ont plus aucune de leurs bonnes qualités,
et n'apportent chez nous que leurs défauts.

Pourquoi chercher ailleurs ce que nous
possédons dans notre patrie ? N'est-ce pas
assez de voir la mode, et une coupable manie,
reporter dans les caisses de l'Angleterre, l'or
corrupteur que la plus odieuse politique distribue aux traîtres, aux ennemis de notre
industrie, sans encore y verser les sueurs du
cultivateur ? La France possède beaucoup de
chevaux et de jumens capables d'épurer et de
perfectionner en très-peu de temps nos races;
il faut les choisir, écarter des accouplemens
les vices essentiels de conformation et de caractère, appareiller les individus qui ont des
perfections séparées, afin de rassembler le plus
d'excellentes qualités dans leurs descendans,
et de produire le beau, le bon, le parfait,
dont nous avons encore des germes précieux.

Pour fonder cette amélioration sur des
bases solides, on pourrait imiter les contrées

de l'Allemagne où les propriétaires de grandes forêts, au lieu de cerfs légers et de sangliers destructeurs, élèvent dans leurs parcs de très-beaux chevaux sauvages. De tels haras four-nissent d'excellens étalons, et de grands che-vaux infatigables, pleins de feu, semblables à ceux autrefois si célèbres, que l'on tirait des bois situés entre Dusseldorff et Hurdingen. Ces animaux y résistent parfaitement au froid, puisqu'ils supportent un climat très-rigoureux, où le baromètre descend quelque-fois à vingt-sept degrés centigrades (vingt-deux de Réaumur au-dessous de zéro.)

Je regarde ces établissemens comme très-utiles et préférables, sous tous les rapports, aux haras ordinaires. Ils sont fort peu dispen-dieux; ils ne demandent qu'un simple hangar de charpente, couvert en chaume, une eau courante, et n'imposent d'autres obligations, que d'avoir de bons gardiens, et de fournir du foin aux animaux, quand la terre ne produit plus rien; ce qui dure à peu près deux ou trois mois.

Les haras sauvages ont fait jadis la gloire de l'Epire, des antiques villes de Mycènes et d'Argos. Nous en avons eu dans les marais d'Aigues-Mortes, de Narbonne, de Lunel, de Saint-Laurent et de Montpellier, que l'on citait pour leurs chevaux, aussi distingués par leur forme, que par leur vélocité. Nous en avons encore un modèle dans les champs inondés et les gras pâturages de la Camargue (1), dans les marais de Saint-Gilles et autres, situés dans nos départemens du Gard et de l'Hérault. Les chevaux y sont hardis, légers, intrépides et infatigables à la course ; dans leur ardeur aucun obstacle ne les arrête, aucune difficulté ne les rebute ; ils franchissent avec facilité un fossé, un rocher, une haie ; ils passent une rivière ou un bras de mer à la nage ; ils traversent avec courage et patience des étangs, des marais de plusieurs kilomètres d'étendue ; ils nagent et s'enfoncent alternativement, sans s'effrayer ni se rebuter : sur un terrain uni et fangeux, ces chevaux lèvent peu et rasent le tapis ; sur un sol plus ferme, ils prennent d'eux-mêmes un pas très-rapide, qu'ils soutiennent, sans le

______

(1) Ile basse et marécageuse, formée par les deux principales branches du Rhône, à son embouchure dans la mer Méditerranée. Sa forme est à peu près triangulaire, et chacun de ses côtés se prolonge à plus de vingt kilomètres.

ralentir, pendant une journée entière. Enfin, ils sont extrêmement sobres, vivent long-temps, et sont peu sujets aux maladies.

La course est encore un moyen d'améliorer les chevaux. Elle n'est pas un jeu futile ni un spectacle pour amuser, comme on pourrait le croire; elle a contribué, de la manière la plus efficace, à la prospérité des races, en Angleterre et aux États-Unis. Les anciens en savaient apprécier tous les avantages. Chez les Grecs, elle était le plus noble des exercices; elle fit la gloire des champs d'Olympie; Pindare lui dut les plus beaux élans de son génie, et la patrie du vainqueur, en s'appropriant son triomphe, en reçut un nouveau lustre. Le goût des courses de chevaux distingua aussi les Romains : l'usage ne s'en perdit qu'avec la splendeur de l'empire. On les connut autrefois dans les Gaules, où probablement les Celtes, grands amateurs de beaux chevaux (1), les avaient introduites. Je n'oserais assurer qu'elles s'y soient perpétuées jusqu'à ce jour, mais un fait certain, c'est qu'en 1529, on citait les courses qui avaient

---

(1) Cæsar, *de Bello gallico*, IV, 2 ; Tacitus, *de Morib. Germ.*

lieu à Arles, au mois de juin; elles se faisaient
non-seulement à chevaux libres, comme on
voit encore les Barbes (1) courir en Italie,
mais encore à chevaux montés; les cavaliers,
armés de lances, devaient enlever un certain
nombre de bagues (2). Ces exercices prennent
en France, depuis quelques années, une nouvelle vie; mais il serait à désirer qu'ils se
multipliassent sur tous les points de l'État;
qu'il y en eût dans chaque département, qu'ils
embellissent toutes les fêtes communales. On
pourrait alors les organiser ainsi : les chevaux
de tout âge indistinctement concourraient
dans les courses communales; celles des chefs-
lieux de département, n'admettraient que les
sujets les plus distingués par la beauté des
formes, le jeune âge et la vigueur: il n'y
aurait que les vainqueurs de celles-ci qui seraient reçus à disputer les grands prix, aux
courses nationales du Champ-de-Mars. L'é-

---

(1) On donne, en général, ce nom à tous les chevaux que l'on tire d'Afrique, mais plus particulièrement à ceux des pays de Maroc et de Fez, et surtout des
montagnes de Buchmel, de Benimerassen, de Maze-
lesse, de la province d'Alger, et du désert de Garen.

(2) *Annales manuscrites d'Arles*, citées par LELONG,
Bib. Hist. de la France, n° 38, 195.

mulation, résultat nécessaire de ces exercices, est ce qui peut le plus efficacement et le plus promptement contribuer à propager les vrais principes de l'amélioration.

Les primes en argent que le gouvernement accorde depuis peu aux propriétaires des plus beaux chevaux, ont déjà produit de salutaires effets; dans un grand nombre de cantons, on recherche les pouliches les plus distinguées, pour en faire de jeunes poulinières ; mais l'empressement qui naît d'une cupidité sordide, un amour aveugle des spéculations, font que dans beaucoup d'endroits, l'on manque le but proposé. On y laisse saillir les pouliches à trente mois; cette fécondation prématurée, comme nous l'avons déjà prouvé, nuit aux petits : ils sont nécessairement faibles, mal constitués, et par suite, incapables de tout service.

Il serait facile de détruire cet abus, et d'imprimer à la restauration des chevaux une activité plus grande; on pourrait ajouter aux primes en argent, un autre encouragement, pour les propriétaires qui font des élèves. Ceux qui présenteraient au concours des sujets réunissant le plus de bonnes qualités, recevraient des étalons de races arabes, barbes ou polézinées. Ils leur seraient remis, à la condition de livrer une bête male de quatre ans, prise parmi les trois premières qui en proviendraient. Ces nouveaux étalons seraient ensuite distribués de la même manière que les précédens. De la sorte, il n'en coûterait que les frais d'achat primitif; on perpétuerait le perfectionnement sans efforts, en même temps que l'on verrait disparaître cette masse d'étalons défectueux, qui dégradent nos races.

Je proposerai un dernier moyen, non moins important d'assurer l'intégrité des nouvelles races, c'est de n'admettre à pouliner que les jumens les plus parfaites, et de réserver toutes les autres aux baudets d'une très-belle espèce. Les mulets qui en proviendront, seront parfaits et propres à tous les services de l'agriculture. Ils procureront une grande économie aux fermiers de nos départemens du midi, qui paient annuellement, pour cet objet, de grosses sommes à des maquignons, fort peu scrupuleux. Le service de ces baudets arrêtera la propagation des jumens mal conformées, et donnera à la seconde ou à la troisième génération, une race précieuse.

Mais il faut, avant tout, empêcher l'intro-

duction en France du rebut des étrangers, et
ôter à la fraude la facilité de conduire chez
les particuliers des étalons de fausses races,
non moins gâtés par des vices internes, que
dégradés par des difformités que les maquignons dérobent aux yeux de leurs dupes. On
y parviendra d'abord, en rapportant la loi
du 16 avril 1793, qui permet l'entrée des
chevaux, poulains et jumens de l'étranger, et
en établissant sur les chevaux venant de l'extérieur, un droit de douane, tel qu'ils reviennent toujours à un prix quadruple de celui des
plus beaux chevaux nés sur notre propre sol.

Nous avons des encouragemens pour la culture des mérinos, ayons-en aussi pour tous les
autres genres de bétail. Que le propriétaire qui
présentera un bel attelage de bœufs, des vaches ou des chèvres superbes et bonnes laitières, des ânes ou des porcs bien venus, re-
çoive également des primes en argent et des
individus des plus belles races. L'amélioration
de ces animaux ne doit pas moins fixer l'attention d'un gouvernement éclairé, que celle
du cheval. Souvent une vache seule nourrit
toute une famille. D'ailleurs, les avantages
d'une amélioration générale des différentes
espèces d'animaux domestiques, rejaillissent

de ceux qui l'entreprennent dans leur propre
intérêt, sur les bestiaux de tout le canton,
sur l'agriculture de tout le département. L'introduction d'un seul étalon, dans la vallée de
Pickering, a versé sur ses habitans des sommes
considérables, et amené une heureuse révolution dans la culture des terres du comté
d'Yorck, en Angleterre.

Le croisement des races est un autre moyen
d'amélioration; mais cet objet important
demande un article séparé.

CHAPITRE X.

Du Croisement des races.

La bonté des chevaux du Morvant (1) est
due à des étalons et jumens tirés de l'Espagne
et de l'Italie, que les Æduens révoltés enle-
vèrent aux Romains, lorsqu'ils les chassèrent
de leur pays (2). Les races dites *limousines,*

---

(1) Contrée montagneuse où l'Yonne prend sa source;
elle comprend une grande partie du département de
l'Yonne, et portion de ceux de la Nièvre et la Côte-d'Or.

(2) Cæsar, *de Bello gallico*, VII. 55.

navarrines et *camargoises*, dont le caractère et la vigueur, la légèreté et la finesse, sont également le fruit d'une invasion étrangère; celle des Sarrasins ou Maures d'Afrique, qui perdirent beaucoup de chevaux pendant près d'un demi-siècle de combats, et surtout à l'époque de leur défaite, en 759 (1). Les bons effets des croisemens qui alors eurent lieu, se seraient bientôt perdus, sans les soins assidus que long-temps après on apportait encore à faire des élèves de distinction. Les jumens étaient nourries dans les pacages secs tout le temps de la gestation et de l'allaitement. A deux ans, on séparait le poulain de sa mère; durant la belle saison, on le laissait paître en liberté, et lorsque les rigueurs de l'hiver ne lui permettaient plus de se nourrir dehors, on lui préparait un fourrage, composé de foin et de paille, mais où celle-ci dominait. Parvenu à sa quatrième année, on le tenait à l'écurie, pour lui donner une nourriture plus substantielle, évitant néanmoins qu'elle fût trop abondante, et ne lui occasionât une

----

(1) Paul Diac., VI., 46. — *Ann. Moissiac.* — *Chron. Hildesheimii.* — Gervas. Tilberiens., *de Regib. Franc.* — *Ann. Metenses.*

I.   10

nouvelle gourme, souvent dangereuse pour
ses yeux, et toujours funeste au développement de ses forces. On l'entretenait dans un
état de propreté continuelle ; la brosse était
chaque jour passée très-exactement sur toutes
les parties de son corps ; on lui plaçait sur le
dos une légère couverture, on ne lui laissait
presque pas de litière pendant le jour ; on lui
prodiguait les caresses ; on lui levait souvent
les pieds, pour les frapper avec le marteau,
afin de le disposer à se laisser ferrer ; on le
promenait de temps en temps ; on lui faisait
prendre des bains, ou au moins on l'habituait
à de fréquens lavages. A cinq ans, on lui
donnait par jour la valeur d'un de nos kilogrammes d'avoine ; on l'accoutumait à la
bride, à la selle ; à six ans, on le montait
pour le dresser, mais on avait la précaution
de n'exiger de lui que des travaux modérés.
Pourquoi faut-il qu'il ne reste plus aujour-
d'hui que des souvenirs de cette brillante et
sage méthode ? elle s'est perdue vers la fin du
dix-septième siècle, époque désastreuse, où
l'on abusa du croisement à un tel point, que
toutes nos belles races furent sacrifiées à une
race bâtarde, qui avait tous les défauts des chevaux anglais, sans en avoir les bonnes qualités.

Le croisement a ses lois ; on ne les trans-
gresse pas sans tomber dans de graves inconvéniens. Quand on veut opérer un croisement
avec succès, il importe de considérer les qualités actuelles des races existantes, la nature
du sol, l'influence du climat, et les besoins
de l'agriculture. Nous avons vu, dans l'Italie
méridionale, une superbe race de bêtes à
cornes, dite *hongroise ;* elle y subsiste sans
mélange, et fournit les plus beaux et les meilleurs bœufs connus, mais les vaches sont
très-mauvaises laitières. Les cultivateurs de la
Lombardie ont détruit ce vice essentiel, en
croisant la race hongroise avec celle des petits cantons de la Suisse ; il en est résulté les
excellentes vaches gris-ardoise, à cornes longues, et d'une grosseur monstrueuse, qu'on
admire, depuis plusieurs années, dans les
riches et vastes prairies qui avoisinent le cours
du Pô. C'est par de semblables combinaisons
dans les croisemens, que la Virginie est parvenue à se procurer de superbes bestiaux, que
la Hollande améliora singulièrement la race
primitive de ses moutons, et que la Grande-
Bretagne a fini par changer la race lourde de
ses chevaux de trait, fort peu différente de la
race normande, si elle n'est pas la même, en

la croisant avec le cheval arabe, qu'on regarde généralement comme le premier des chevaux.

Quand on est parvenu à se procurer de bonnes races, on doit bien se garder de les altérer par des croisemens indiscrets : il en naîtrait nécessairement des causes de dégénération. Les bonnes races se soutiennent d'elles-mêmes : témoins les chevaux arabes, danois, andalous et hongrois, qui ne dégénèrent point, même dans l'état de domesticité. Au Brésil, on retrouve encore dans les chevaux toutes les qualités de ces andalous, que les Espagnols y rendirent à l'état sauvage, il y a plusieurs siècles. Le cheval arabe, le mouton mérinos, transportés dans des pays éloignés de leur patrie, se conservent sans employer d'autres moyens que des soins attentifs.

Cependant, nous devons dire que sous l'influence de certains climats, les meilleures races éprouvent des changemens sensibles, après un espace de temps plus ou moins long ; alors on peut user du croisement avec fruit.

Ce que nous venons de dire du croisement, ne saurait s'appliquer aux chiens utiles, (les chiens de berger et les chiens de chasse), qui ont des fonctions déterminées, et une intelligence propre à ces mêmes fonctions. Loin d'augmenter ou de perfectionner le nombre de leurs qualités, il les dénaturerait et les détruirait entièrement. Le croisement ne produirait, sur de tels sujets, que des variétés curieuses par leurs formes et leur robe, toutes choses étrangères à l'économie rurale.

A l'égard des oiseaux de la basse-cour, on a rarement recours au croisement. La facilité que l'on a de se procurer des œufs de l'espèce que l'on désire, dispense d'y recourir. Il n'est qu'un seul cas où l'on pourrait user de ce moyen avec avantage, ce serait celui où l'on n'aurait que des individus mâles ou femelles de l'espèce qu'on veut propager : alors on serait bien forcé d'associer ces individus à ceux de la race commune dont ils font partie.

Le croisement, ainsi que nous croyons l'avoir montré, a pour but de perfectionner les races, mais non pas de les détruire. Il faut les conserver toutes, parce que toutes ont des propriétés particulières : l'une ne peut suppléer à l'autre. En les croisant sans mesure, on altère les nuances principales de force ou de taille, de légèreté ou de grâces ; on n'obtient que des espèces bâtardes, équivoques, et l'on cause nécessairement un vide, qu'il est ensuite très-difficile, pour ne pas dire impossible de remplir. Il faut des chevaux forts pour le tirage, et des chevaux légers pour la monture ; or, en croisant la race normande avec la race limousine, vous les détruisez réciproquement l'une et l'autre. Les moutons flamands, qui donnent aux manufactures une laine longue et grosse, très-nécessaire à l'établissement des chaînes, et à la fabrication des bouracans et des camelots, ne doivent point être croisés avec les moutons d'Espagne à laine fine, parce que les métis, résultant de cette union inconsidérée, n'offrent plus que des toisons intermédiaires, qui ne conviennent ni à la draperie fine, ni à la draperie commune. Sans doute, il est bon de faire des métis quand on veut s'assurer la possession d'une race pure étrangère, mais il faut se garder de détruire les races indigènes, qui sont essentiellement utiles ; leur disparition forcerait à faire sortir, pour avoir des laines communes, l'or qu'on exportait auparavant pour avoir des laines fines.

C'est ici le moment de signaler une pratique vicieuse, quoique recommandée par des agronomes célèbres (1), et en usage dans cer-

___

(1) OLIVIER DE SERRES, *Théâtre d'agriculture*, IVe lieu, chap. 15.

taines contrées. Je veux parler de cette espèce
de loi que l'on fait aux cultivateurs crédules,
de tuer, à l'instant du part, même des meilleures femelles, les premiers nés d'un croisement, comme ne pouvant et ne devant jamais donner de beaux individus. Rien de plus
erroné. Ce préjugé naquit dans les temps de
la barbarie, et l'on conçoit difficilement qu'il
compte encore aujourd'hui des partisans. On
pourrait tout au plus rejeter les petits faibles
ou mal conformés, mais le préjugé ne rai-
sonne pas ; il n'admet aucune exception.

Après avoir croisé les races, l'homme a
voulu croiser les espèces. Quand l'accouplement s'est fait entre des individus voisins par
l'instinct, les formes et l'organisation, on a
le plus souvent obtenu des êtres intercallaires,
qui ont participé aux bonnes qualités de leurs
auteurs ; cependant la réussite n'a pas toujours
été complette. Lorsqu'on s'est efforcé à accoupler des espèces étrangères les unes aux autres,
il n'en est rien résulté, quoi qu'en disent encore certains auteurs. Citons des faits à l'appui
de cette double assertion.

De l'union d'un âne avec la jument, est né
le *mulet*; d'un cheval et d'une ânesse, le
bardeau; du taureau avec la bufflesse, et du

buffle avec la vache, une espèce bâtarde,
d'une force toute particulière, d'un tempérament excellent, sujette à moins de besoins,
et qui s'accommode aisément de tous les climats. La brebis avec le bouc donne des métis
à poils rudes et longs, que l'on désigne sous
le nom de *chabins*, dans quelques-unes des
îles de l'Amérique, mais il n'est pas encore
certain, quoi qu'en dise ATHÉNÉE (1), que la
chèvre avec le bélier produise des petits à laine
assez molle et douce. Il reste encore à savoir
si les individus provenant de ces unions irré-
gulières, peuvent engendrer. Des naturalistes
célèbres, tant anciens que modernes, soutiennent en avoir vu les fruits ; d'autres, non
moins illustres, assurent qu'ils sont privés des
sacs séminaux, par conséquent de la faculté
de féconder ou d'être fécondés ; quant à moi,
je dois avouer n'avoir pu nulle part en observer un seul, pas même dans la Savoie et l'Italie,
où l'on dit en exister. D'ailleurs, je ne nie
rien : il n'est point rare de voir des hybrides
végétaux engendrer, se propager même ; mais
tôt ou tard les nouveaux individus s'éteignent,
et retournent à leur genre primitif.

---

(1) Cité par GALIEN.

Je ne parle point des *jumarts*, de ces mulets que l'on suppose résulter de l'accouplement adultère du taureau et de la jument, du taureau et de l'ânesse, ou du cheval et de la vache. Lé-GER (1) dit en avoir vu assez communément du côté de Chambéry, dans les vallées du Piémont et de la Suisse ; DE SUTIÈRES (2) atteste en avoir remarqué dans nos départemens de la Loire, de l'Isère, du Rhône, etc., et même en avoir eu chez lui. « Leur force, ajoute-t-il, est « extraordinaire ; les plus lourds fardeaux ne « les rebutent pas ; ils tirent au tombereau, à « la charrette ; jamais ils ne reculent, et sont « excellens dans les chemins difficiles, rapides « ou dégradés ; en un mot, dit-il encore, un « jumart dans une ferme, est d'une bien « grande ressource ; il économise beaucoup à « son maître. » C'est une erreur ; il n'y a point de jumarts ; l'énorme différence existant entre l'organisation des deux espèces créatrices, n'en permet point la possibilité. Tous les jumarts que l'on prétend avoir vus, ne sont autre chose que des bardeaux à tête difforme, que des mulets d'un aspect bizarre.

---

(1) *Histoire des vallées du Piémont.*
(2) *Feuille du Cultivateur*, introd., p. 224 et 225.

Des voyageurs disaient que le jumart était très commun en Egypte ; cependant les savans de l'expédition française, malgré les recherches les plus scrupuleuses, n'ont pu en rencontrer un seul. Je n'en ai point vu, ni même entendu citer aucun pendant mon séjour en Helvétie, en Savoie et dans l'Italie.

CHAPITRE XI.

De l'Accouplement.

Les animaux, dans l'état sauvage, n'éprouvent guère les feux de l'amour qu'au printemps ; mais l'état de domesticité les y a rendu propres à tous les temps de l'année. Cependant on a remarqué que les femelles ont plus de dispositions à la reproduction, dans les mois d'avril et de mai, alors que les plantes entr'ouvrent voluptueusement leurs brillantes corolles, et que l'année rajeunie se pare de sa plus belle parure.

On reconnaît que le moment est venu pour le mâle de rechercher sa femelle, à des signes non équivoques de vigueur et de beauté. Sa marche est fière et assurée, son attitude, son expression, tout dénonce le sentiment qu'il a de sa force. Les animaux armés de cornes semblent les aiguiser dans la vue de se mesurer avec leurs rivaux. Les oiseaux sont très-bruyans; ils chantent plus souvent, plus long-temps, avec plus d'âme, et préludent aux combats, en essayant les diverses armes dont la nature les a munis. A cette époque il faut craindre d'irriter ou de contrarier les mâles de toutes les espèces, même ceux qui, de leur nature, sont les plus timides: tourmentés par des désirs impérieux, ils développent tout-à-coup une énergie qui ne leur est pas ordinaire; ils se montrent indifférens pour le danger; ils bravent tout, se précipitent furieux sur les moindres obstacles, et deviennent quelquefois féroces, méconnaissant jusqu'à la voix du maître qui les nourrit.

Quant à la femelle, les symptômes qui indiquent qu'elle est disposée à recevoir le mâle, sont une activité plus grande, une inquiétude extraordinaire, une surabondance de vie, le manque d'appétit, des cris particuliers et souvent répétés. Un signe plus certain encore, est l'état de la vulve, et la présence de cette humeur épaisse et gluante qu'elle laisse suinter par intervalles.

Il ne faut point croire que les accouplemens qui se font dans l'état sauvage soient, comme on le dit ordinairement, vagues et sans choix; il est des espèces de grâces que le mâle aime à trouver dans sa femelle; celle-ci, de son côté, veut le mâle le plus robuste. A l'égard des animaux domestiques, c'est aux propriétaires intelligens à décider du choix : cette tâche est très-importante. Ils ne doivent point faire accoupler les individus qui se trouvent affectés de tares, ou d'un défaut de conformation quelconque, ni ceux malades, sujets aux vers, ou bien entachés d'un vice de caractère ou d'infirmités héréditaires. La claudication et la cécité de naissance, les fluxions périodiques, les tics et le cornage dans le cheval, la pommelière et les affections de poitrine chez les vaches, la ladrerie dans le porc, la maladie dite des chiens, dans les individus de cette espèce, etc., sont aussi des motifs puissans pour empêcher les accouplemens.

J'ai déjà montré combien l'âge était à considérer pour le maintien des espèces dans un bon état; j'ajouterai seulement ici, il est essentiel, 1°. qu'il y ait proportion entre le mâle et la femelle, faute de quoi les produits résultant de l'accouplement n'auraient pas les

qualités qui constituent les meilleures races :
2°. et d'interdire absolument tout accouplement incestueux, quelle que soit la beauté des
petits. Ces sortes d'unions sont une source
funeste et féconde des promptes dégénérations.
Il faut encore appareiller les individus sous le
rapport de la conformation , du tempérament, de la figure et des qualités, et surtout,
comme nous en avons prouvé la nécessité en
traitant du croisement, avoir soin de faire
saillir les femelles par des étalons de pays
différens du leur. Un mâle dont le volume et
la taille sont de beaucoup supérieurs à ceux
de la femelle, rend le part laborieux et quelquefois même mortel. Une trop grande différence entre le tempérament, la figure , les
qualités du mâle et le tempérament, la figure,
les qualités de la femelle , serait nuisible aux
petits : ceux-ci pourraient bien , au premier
abord, se présenter sous de belles apparences,
mais ils ne tarderont pas à décliner, à montrer
tous les signes de la faiblesse, de la médiocrité,
et l'impossibilité d'en obtenir par la suite
une progéniture passable. Cependant, comme
l'observe BOURGELAT (1) , par l'union de deux

____

(1) *Traité de la conformation extérieure du cheval,*
art. 98 , pag. 439 et suiv.

animaux de régions différentes, on peut en quelque sorte compenser les défauts, surtout si l'on oppose les climats entr'eux. Le mâle d'un pays chaud corrige les difformités ou les vices ordinaires à la femelle d'un pays froid; de même que l'excès d'épaisseur de l'individu provenant du nord, est tempéré par la finesse de l'individu provenant du midi. Jamais on n'obtiendra de semblables résultats sur les races d'un même pays; qu'elles y restent fixes ou qu'on les transporte ailleurs. Un mâle et une femelle transplantés d'Angleterre et appareillés en France, ne donneront dans aucun temps d'aussi belles productions, que si le mâle eût été assorti à une femelle d'origine française, ou de tout autre pays. Règle générale : Plus la température des climats où le mâle aura pris naissance, sera éloignée de la patrie de la femelle, plus les formes seront parfaites, plus le tempérament de leurs petits sera bon, plus ils auront de qualités physiques et morales.

Quand les animaux sont voisins de la saison des amours, il faut apporter beaucoup d'attention dans le choix de la nourriture, et la leur donner plus abondante que de coutume. C'est attenter aux lois de la nature, que de

recourir aux substances aphrodisiaques ; elles
ont toujours des suites fâcheuses , quand on
veut exciter davantage le besoin de la copu-
lation ; les inconvéniens sont bien plus graves
encore, quand on en use pour accélérer l'é-
poque de la chaleur Les petits qui naissent à
la suite de ces sortes d'accouplemens intempestifs, sont d'une mauvaise constitution , et
arrivent toujours dans une saison qui leur est
peu ou point favorable ; les mâles s'énervent
promptement, ou bien sont affectés de maladies inflammatoires, et les femelles, fati-
guées avant le temps, se voient d'abord hors
d'état d'accomplir les devoirs de la maternité,
et condamnées ensuite à la stérilité la plus
complette.

S'il est dangereux d'avancer l'époque de la
chaleur , il ne l'est pas moins d'en arrêter les
effets. Une fois qu'elle est déclarée, s'opposer
aux vues de la nature , c'est exposer les animaux à une foule d'accidens ; ils ont des con-
vulsions ; ils tombent de l'épilepsie : ils meurent dans un état de maigreur épouvantable.
C'est surtout chez les oiseaux que de pareils
phénomènes sont très-sensibles : les organes
de la vie ont une activité tellement grande
dans cette belle famille d'animaux , que leurs

maladies sont toutes généralement aiguës, inflammatoires et nerveuses.

On s'écarte parfois de la règle que nous venons d'établir. Dans des vues d'économie, on retarde plus ou moins le temps de la chaleur; mais pour réussir, il faut s'y prendre de très-bonne heure, et recourir à des moyens bien calculés, soit en séparant les mâles d'avec les femelles, soit en leur retranchant une partie de leurs alimens, soit enfin par quelqu'autre précaution sagement prise. Citons-en un exemple frappant : dans les départemens de la Haute-Loire, du Cantal et du Puy-de-Dôme, qui composent l'ancienne Auvergne, pays où il y a beaucoup de bêtes à cornes, on donne en général le taureau aux vaches à la fin de mai, afin que les veaux, naissant neuf mois après, à l'approche du printemps, puissent jouir des herbages nouveaux. Quelques fermiers, au contraire, font couvrir leurs vaches en hiver, pour que les veaux se fortifient dans les pâturages d'automne, et soient en état de résister aux froids et supporter facilement la nourriture d'hiver, qui est moins abondante et moins succulente que celle des autres saisons. Le petit propriétaire retarde encore davantage l'époque de la gestation, puisqu'il fait ensorte que sa vache vêle au commencement de l'été, afin qu'elle lui fournisse beaucoup de lait, dont il fait du fromage et du caillé. Quelles que soient les vues qui décident à de semblables résolutions, il est essentiel de faire coïncider l'époque du part avec celle de la plus grande abondance de nourriture convenable ; il faut surtout éviter qu'il ait lieu pendant les froides journées de l'hiver, et pendant les grandes chaleurs ; elles sont également, les unes et les autres, contraires aux jeunes sujets.

Les femelles âgées, dans les quadrupèdes, entrent ordinairement plus tôt en chaleur que les jeunes, lors du retour des saisons qui y sont les plus propres, sans doute à cause des accouplemens antérieurs ; on a également remarqué qu'elles préfèrent surtout les mâles âgés aux jeunes. Elles ne recherchent point ceux qui les ont déjà servies ; elles montrent à cet égard beaucoup d'inconstance ; leur choix est très-variable ; les seuls pigeons, parmi les animaux domestiques, sont capables d'un véritable attachement : le choix du mâle et de la femelle est un lien indissoluble, une union de cœur ; elle est pour toute la vie.

Dans certaines espèces, comme le chien,

le chat, les oiseaux, qui sont très-nerveux et
très-irritables, le retour de la chaleur se
manifeste habituellement deux fois dans l'année, au commencement du printemps et
dans les premiers beaux jours de l'automne.
Chez les ruminans, la chaleur n'a lieu le plus
ordinairement qu'une seule fois l'an ; les
solipèdes ne la voyent quelquefois reparaître
qu'après plusieurs années. Le rapprochement
ou l'éloignement de ce retour dépend presque
toujours de la plus ou moins longue durée de
la gestation et de l'allaitement, et de la plus
ou moins bonne qualité des alimens, de la
nature du climat, et de la plus ou moins grande
dépense de forces que demandent les travaux
auxquels on oblige les animaux de l'un et
l'autre sexe.

Toutes les femelles opposent une certaine
résistance aux premières provocations du
mâle ; elles ne lui cèdent pas tout de suite,
elles le repoussent même ; la chatte est la
seule d'entre les nombreux animaux attachés
à la ferme, qui recherche, appelle, provoque
le mâle de toutes les manières, et qui le con-
traigne, pour ainsi dire, à la satisfaire malgré
lui.

§. Ier. — *De la Monte.*

Le temps de la monte, c'est-à-dire le moment où l'on doit faire féconder les femelles, varie nécessairement dans la plupart des espèces domestiques, d'après des circonstances locales et accidentelles, que nous examinerons en détail, en traitant isolément de chacune de ces espèces : nous devons nous en tenir ici à des généralités, dont l'application peut se faire à tous les animaux élevés dans l'intérieur de la ferme.

Pendant le temps de la monte et quelques jours auparavant, il convient d'augmenter la qualité des alimens, et de les choisir avec une attention particulière : c'est une précaution importante pour les mâles, et quelquefois aussi pour les femelles. L'usage du sel est alors très-utile ; il ranime l'appétit, rend la digestion plus parfaite, et par cela même contribue à accroître et à réparer les forces. On observera de ne jamais abreuver, avant la saillie, tant les mâles que les femelles, et même de ne le faire après cette opération, que lorsqu'ils ne paraissent plus échauffés.

Le moment de la journée le plus favorable

pour la monte est, dans toutes les epèces,
celui où la digestion ne peut plus être troublée,
le matin avant le premier repas, ou le soir
une demi-heure après le coucher du soleil.
Quand même le mâle aurait beaucoup de vigueur, on ne doit lui demander qu'un saut
par jour ; s'il n'a qu'une vigueur ordinaire,
on le laisse reposer le quatrième, et s'il est
faible, et que son défaut de force ait sa source
dans une trop grande jeunesse, ou bien dans
un âge trop avancé, il ne couvrira qu'une
fois tous les deux jours. Avec ces précautions,
on préviendra l'épuisement, on obtiendra un
plus grand nombre de petits, et on sera plus
assuré de leurs bonnes qualités. Il y a des
exceptions à la règle que nous venons d'établir. On a vu des étalons que des ménagemens rendaient moins prolifiques, et pous-
saient parfois jusqu'à la fureur. L'insatiable
lubricité du bouc et du baudet fournissent
à ce sujet des faits aussi nombreux que sur-
prenans.

Chez la plupart des animaux domestiques,
la monte se fait en liberté ; chez les autres,
elle veut être aidée et dirigée par l'homme.
Dans ce dernier cas, on fait choix d'un terrain garni de verdure, uni, sec et solide,

afin d'éviter les efforts inutiles et les enfonce-
mens dangereux. Une partie de ce terrain
sera inégale, pour faciliter davantage la
monte. Lorsque la femelle est plus haute que
le mâle, on le place sur le point le plus élevé;
dans le cas contraire, on donne la hauteur à
la femelle. La monte aidée par l'homme se
fait à la main, à la longe ou à l'attache. La
première manière est, à mon sens, préférable
aux deux autres; elle doit se faire seulement
en présence des personnes indispensablement
nécessaires. J'ai vu des étalons et des taureaux
distraits et troublés par une multitude de témoins : cette sorte de pudeur m'a paru plus
forte chez les herbivores, que chez toute autre
espèce d'animaux.

Ne retirez jamais de force le mâle de dessus
la femelle. C'est une chose à laquelle on fait
ordinairement trop peu d'attention; par-là
on empêche l'entier accomplissement de la
génération; on détruit les jarrets de l'animal,
et on le rend incapable de tout service; il vaut
mieux, lorque l'acte de la saillie est terminé,
porter la femelle en avant. On reconduit alors
le mâle à l'écurie, on le bouchonne exactement s'il a chaud, et on l'enveloppe d'une
couverture. Deux ou trois heures après, on

lui donne du fourrage, avec un peu d'avoine, ou d'orge; puis on le mène boire.

On trouve, dans certains livres, des indications pour faire procréer à son gré des mâles ou des femelles; cette erreur très-ancienne est encore accréditée, quoiqu'elle soit la preuve de l'ignorance la plus profonde. Il est impossible de diriger la nature dans la formation des êtres : et les tentatives que l'on fait à cet égard, n'ont pour résultat que la ruine des animaux.

§. II. — *De la Conception.*

La promptitude du mâle, la tranquillité de la femelle dans l'œuvre de la génération, sont un présage de sa perfection. Chez les quadrupèdes, cet acte n'a d'influence que sur la portée qui le suit immédiatement; il n'en est pas de même dans les oiseaux; il suffit que le mâle coche une seule fois la femelle, pour assurer la fécondation d'un grand nombre d'œufs pondus même à des époques fort éloignées. Chez les insectes, un seul accouplement est suffisant pour donner la vie à six générations (1).

---

(1) On trouve de fréquens exemples de ces généra-

A-t-on des signes bien certains pour reconnaître quand cet acte est terminé avec succès? Non, le mystère de la génération est enveloppé d'un voile impénétrable à l'homme; toutes les données recueillies jusqu'ici à cet égard, sont tellement insuffisantes, qu'il est impossible de rien affirmer. Cependant il est probable que le vœu de la nature est rempli, quand la chaleur cesse, quand les deux sexes mettent autant d'empressement à s'éviter, qu'ils en mettaient auparavant à se rechercher, quand aux mouvemens désordonnés d'un désir brûlant, succède un froid convulsif, une sorte de saisissement spasmodique, et surtout le besoin du repos. Mais ces indices, plus ou moins tardifs, plus ou moins prononcés, sont encore trompeurs. On remarque souvent des femelles pleines admettre itérativement, et à diverses époques, la saillie

___

tions latérales ou *Lucina sine concubitu* dans les polypes, les vers intestinaux, mais surtout parmi les plantes. Ce phénomène est très-remarquable dans les fils de la traînasse (*polygonum aviculare*), le fraisier (*fragaria vesca*), le paspal d'Afrique (*paspalum longiflorum*), dans les fleurs de la petite bistorte des Alpes (*polygonum viviparum*), de l'ail des Mages (*allium magicum*), etc.

du mâle. Cette envie déréglée de l'approche du mâle, ainsi que la difficulté à concevoir, tiennent souvent à un dérangement, à une irritation dans les organes de la poitrine et du bas-ventre. L'avortement résulte quelque-fois de la réitération de la monte, lorsqu'elle ne produit pas la superfétation.

§. III. — *De la Gestation.*

Du moment que la femelle est reconnue pleine, il faut la séparer du mâle, aider au développement insensible de l'embryon, au perfectionnement du fœtus, par un exercice doux, par des alimens de bonne qualité, dont on augmente la quantité en raison de l'accroissement de la plénitude, mais de ma-nière cependant à ne point causer d'indiges-tion. Il est bon aussi, toutes les fois qu'on le peut sans inconvéniens, de laisser, pendant tout le temps que dure la gestation, les fe-melles pleines libres, isolées et sans contrainte aucune. Le manque d'air, une habitation trop exiguë, un état stationnaire, leur nui-sent essentiellement : rien ne les dispose da-vantage et plus promptement à l'avortement.

C'est un abus très-dangereux de saigner

indistinctement les grands animaux domestiques au commencement ou pendant la durée
de la gestation ; ne vous déterminez jamais à
cette opération que lorsqu'il y a pléthore et
surabondance de sang, ou bien disposition à
l'obésité, et dans les cas d'inflammation. La
saignée est nécessaire surtout aux approches
du part.

Il est également dangereux, pour s'assurer
de la plénitude d'une femelle, de porter la
main dans le rectum. Cette espèce d'investigation, recommandée très-inconsidérément
par quelques auteurs, est un moyen violent,
toujours nuisible, et qui cause tôt ou tard la
mort de l'animal. Rien n'excuse cette pratique horrible; l'autorité des savans les plus re-
commandables, celle des vétérinaires les plus
instruits ne peuvent la justifier.

La durée de la gestation n'a point de terme
fixe; elle varie singulièrement, lors même
qu'on pourrait connaître le véritable instant
de la conception. Cette irrégularité, qu'il est
impossible de nier, a été l'objet des recherches de plusieurs naturalistes; on l'a successivement attribuée à l'âge, à la constitution
des individus, au régime auquel ils étaient
assujétis; mais il est constant aujourd'hui que

I. 11

ni l'âge, ni la constitution, ni le régime, n'influent en rien sur la durée ordinaire et les
extrémités de la gestation. La différence des
races, les intempéries des saisons, l'intensité
de la chaleur ou du froid, n'y contribuent
pas davantage; le volume et la force du fœtus
en seraient plutôt l'effet que la cause; le sexe
des petits et l'influence des phases de la lune,
sont des opinions populaires que rien ne
légitime. On pourrait peut-être, avec plus
de raison, trouver l'origine de ces variations
dans le défaut d'extensibilité des parois de la
matrice, si l'on avait assez de faits pour
déterminer les degrés nécessaires de cette
extensibilité dans les gestations régulières. Un
cultivateur attentif a cru remarquer que la
durée de la grossesse était égale à neuf fois
l'intervalle qui sépare le retour de la chaleur; mais cette observation curieuse a besoin
d'être constatée par des données plus nombreuses et plus variées. Ainsi, les véritables
causes qui abrègent ou prolongent plus ou
moins la durée de la gestation, sont encore à
découvrir (1).

____

(1) Nous publierons, dans notre *Bibliothèque Physico-
Économique*, les faits nouveaux qu'on voudra bien nous
fournir à ce sujet.

Les observations recueillies par les naturalistes anciens, celles faites par les modernes, confirmées tout récemment par M. Tessier, de l'Institut de France (1), nous offrent les résultats suivans :

ESPÈCES.	TERME le plus faible.			TERME le plus ordin.			TERME le plus fort.		
	Mois.		Jours.	Mois.		Jours.	Mois.		Jours.
	m.	j.		m.	j.		m.	j.	
Jument..	9	17	287	11	»	330	13	29	419
Anesse..	12	»	365	12	20	380	13	1	391
Vache..	8	»	240	9	»	270	10	21	321
Bufflesse.	9	11	281	10	8	308	11	»	335
Brebis..	4	26	146	5	»	150	5	11	161
Chèvre.	4	20	140	5	»	150	5	10	160
Truie..	3	19	109	4	6	126	4	23	143
Chienne.	1	25	55	2	»	60	2	5	65
Chatte..	1	18	48	1	20	50	1	26	56
Lapine..	»	»	20	»	»	28	»	»	35

(1) *Recherches sur la durée de la Gestation*, insérées dans le deuxième vol. des Mém. de l'Acad. des Sciences de l'Institut de France, pour l'année 1817.

De même que les femelles des quadrupèdes, celles des oiseaux éprouvent des retards plus ou moins longs dans la durée de l'incubation. Voici ce que des expériences, faites avec soin, nous apprennent à leur égard.

ESPÈCES.	TERME le plus faible.	TERME le plus ordinair.	TERME le plus fort.
	jours.	jours.	jours.
Dindes, couvant œufs de { poules.	17	24	28
cannes.	24	27	30
dindes.	24	26	30
Poules, couvant œufs de { cannes.	26	30	34
poules.	19	21	24
Cannes.	28	30	32
Oies.	27	30	33
Pigeonnes.	16	18	20

§. IV. — *De l'Avortement* (1).

Plusieurs causes peuvent amener l'avortement; les unes sont individuelles et étroitement liées à l'organisation physique, ou bien à l'état maladif de l'animal, ou à la faiblesse des ligamens; les autres sont indépendantes de son individu, et dérivent d'une nourriture indigeste ou malsaine, de fatigues immodérées, de chutes, de commotions violentes, d'un repos trop prolongé, du passage subit de l'abondance à la disette ou de la nourriture verte à la nourriture sèche, d'herbes mouillées, vasées ou couvertes de frimas, etc. L'avortement, en automne ou en hiver, dépend quelquefois de la chaleur et de la sécheresse éprouvées dans l'été; il est plus fréquent au commencement et à la fin de la gestation, que vers le milieu. Il ne se manifeste quelquefois par aucun signe sensible, et n'est même suivi d'aucun accident fâcheux,

----

(1) Il existe sur cette matière un excellent Mémoire de Flandrin. On le trouve dans le VI⁰ vol., pag. 107 — 164, des *Instructions et Observations sur les Maladies des Animaux domestiques.*

mais le plus souvent il est précédé par la perte
de l'appétit , par un sentiment de tristesse et
de fièvre, par une inquiétude extraordinaire ,
et par tous les signes de l'espèce de ceux qui
annoncent le part régulier ; ces signes sont
très-sujets à se modifier : ordinairement , ils
ont une intensité considérable. Quand il survient à des bêtes qui souffrent de la disette ,
il est précédé par une faiblesse extrême, la
maigreur et le dégoût : la brebis perd une
grande partie de sa toison. Le danger augmente lorsque le fœtus est mort, et il devient
d'autant plus imminent, qu'il y a plus long-
temps que l'accident est arrivé , alors le res-
serrement de la matrice est si fort, que l'a-
nimal succombe. L'avortement est parfois
épizootique ; les vaches du comté d'Essex, en
Angleterre, y sont particulièrement sujettes;
les jumens, en France, avortent assez habituellement lorsqu'elles vivent dans des cantons humides, surtout dans les années où il y
a beaucoup de brouillards.

Quelle que soit la cause qui détermine
l'avortement, il est certain que les femelles
auxquelles cet accident est arrivé plusieurs fois,
y deviennent de plus en plus sujettes. Le meilleur parti qu'un propriétaire puisse prendre ,

en pareil cas, c'est de s'en défaire. Avant que
le mal ait pris tout son développement, il
faut se hâter d'engraisser ses bêtes, et de les
livrer à la boucherie, sans quoi elles maigrissent à vue d'œil, conçoivent difficilement,
ou bien demeurent tout-à-fait stériles, quoiqu'elles soient fréquemment en chaleur, et
même attaquées de fureurs utérines.

L'avortement se remarque plus souvent
chez les vaches que chez tous les autres animaux de la ferme, sans doute parce que la
domesticité pèse de tout son poids sur elles;
parce qu'on ne leur donne pour alimens que
des fourrages trop mauvais pour être mangés
par les chevaux; parce qu'on les retient continuellement à l'étable, et qu'on les épuise
en leur demandant du lait avec excès. Elles
n'avortent pas plus que les autres femelles,
dans les lieux où elles paissent en plein air,
en se promenant, et où elles se reposent de la
sécrétion du lait, deux mois au moins avant
et après le part. Les jumens sont, après la
vache, les femelles les plus sujettes à l'avortement, puis les brebis et la bufflesse; viennent
ensuite les truies, quoiqu'on accuse le trèfle
vert, les choux, les raves et autres p'antes
qui développent beaucoup d'air, de le leur

occasionner souvent ; les chèvres l'éprouvent
si rarement, qu'on en cite à peine quelques
exemples dans les pays où elles sont les plus
communes ; l'ânesse plus rarement encore ;
la chatte, même après des chutes, et la
chienne bien tenue, y sont très-peu sujettes.

L'avortement, fort rare chez les abeilles,
les vers à soie, etc., n'épargne pas les oiseaux
de basse-cour, et plus particulièrement les
poules ; les œufs dont la coque est molle, et
qu'on appelle ordinairement *œufs hardés* ou
clairs, ne sont autre chose que des germes
avortés, dont on ne peut espérer aucune
production, en les soumettant à l'incubation.

Malgré le peu de connaissance qu'on a de
la véritable cause de l'avortement, et la difficulté d'en prévoir le retour, on peut cependant espérer le prévenir, par tous les soins
que nous avons indiqués en traitant de l'habitation et du régime. La saignée, même
réitérée souvent, a paru produire de bons
effets, dans les cas où il y avait complication
de pléthore sanguine, ou disposition aux
hémorragies. Quand l'avortement est épizootique, recourez à l'artiste vétérinaire, afin
qu'il traite, suivant sa nature, la fièvre qui
le complique ; et si la contagion s'en mêle,

séparez de suite les femelles saines d'avec les malades, et craignez surtout de céder aux insinuations perfides des *guérisseurs* et autres empiriques, qui portent le ravage dans les troupeaux, et la désolation dans les campagnes.

Il faut user de beaucoup de précautions envers la femelle pour laquelle on craint l'avortement; d'abord, on doit la mettre à couvert, dans un endroit sain, ni trop chaud ni trop frais, et surtout point humide; débarrasser ensuite le canal intestinal, par des lavemens et des boissons délayantes; éviter enfin scrupuleusement toutes tentatives dans la vue d'aider au travail de la nature : elles sont toujours inutiles, et souvent funestes. Lorsque l'avortement a eu lieu, la femelle a besoin d'être tenue chaudement et soumise à un régime austère. Si le fœtus n'est point mort, il importe à la santé de sa mère qu'on le fasse téter le plus long-temps possible. Les suites de l'avortement dissipées, on aura recours aux fortifians et à l'usage des stomachiques, afin d'assurer l'énergie de toutes les fonctions, et l'harmonie qui doit régner entr'elles, afin de disposer l'animal à la conception, et le préserver du retour de l'avortement.

§. V. — *Du Part.*

Lorsque le temps du part est voisin, les femelles doivent être débarrassées de tout lien, et tenues seules dans un endroit sombre, tranquille, retiré et sain, où elles trouvent une bonne litière. Dans ce moment elles aiment à se cacher, et à ne voir qu'une ou deux des personnes qui les servent habituellement. On peut, sans inconvéniens et même avec avantage, leur administrer des lavemens d'eau tiède, pour débarrasser les premières voies; leur faire quelques frictions sèches ou bouchonnemens légers sur les reins, la croupe et les flancs; leur procurer un exercice modéré, une nourriture choisie et de facile digestion.

Le part est de deux sortes. Celui dans lequel le travail se fait par les seuls efforts de la mère, est le plus fréquent; on le nomme *part régulier;* celui qui exige l'extraction artificielle des fœtus, est appelé *part extraordinaire,* ou pour mieux dire, *part contre nature.*

Le part régulier est annoncé par des signes constans : le ventre s'affaisse, tombe et présente de ces espèces d'infiltrations appelées œdèmes, que les nourrisseurs nomment *avant-laits;* les os du bassin se relâchent (1), les mamelles et la vulve se gonflent, les membres postérieurs se meuvent avec embarras, l'épine dorsale se courbe, et il sort du vagin, par intervalle, une humeur glaireuse. La bête est lourde, dans une grande agitation, mais rien n'indique un sentiment de tristesse; elle regarde sans cesse ses flancs, imprime à sa queue des mouvemens brusques et fréquens, et cherche une position commode: tantôt elle se couche, plus souvent elle trépigne; tantôt elle soupire profondément, fiente et urine à chaque instant. De son côté, le fœtus aide aux efforts de sa mère; il dilate le col de la matrice; l'éruption des eaux de l'amnios lubrifie ensuite toutes les parties intéressées, hâte la délivrance, que décident bientôt une forte inspiration de la mère, et les contractions des muscles du ventre.

Le fœtus se présente d'une manière favorable à sa sortie, quand la tête avance peu à peu, accompagnée des deux jambes de de-

---

(1) Des cultivateurs expriment cette circonstance en disant que *la bête se démanche.*

vant, ou quand les deux jambes de derrière
se montrent ensemble. Lorsque la tête vient
seule, on peut encore regarder le part comme
naturel, quoique les épaules forment un point
de résistance qui fatigue beaucoup la mère,
mais il n'est pas invincible. Dans ces trois
circonstances, la nature veut opérer seule;
aussi l'homme doit-il se dispenser de toute
manœuvre quelconque. Ses soins sont inutiles; ils deviendraient même dangereux. Il
ne faut point non plus troubler la mère par
des attentions importunes, par des médica-
mens tout au moins superflus, par l'emploi
de substances échauffantes, comme on le fait
trop souvent. Il suffit de lui donner une
ample litière, et de veiller à ce qu'il n'arrive
aucun accident.

Chez presque toutes les femelles vigoureu-
ses, le part se fait lorsqu'elles sont debout;
de là est venue l'expression *mettre bas*. Elles
fléchissent les jarrets, haussent la croupe; le
sacrum en s'élevant agrandit l'ouverture du
bassin; et comme toutes les pièces du sque-
lette obéissent pour leur part et se moulent
sur cette ouverture pour le franchir avec plus
de facilité, le fœtus arrive à terre sans se faire
aucun mal. La secousse qu'il éprouve décide

à la rupture du cordon ombilical, et la prompte
sortie de l'arrière-faix.

Lorsque les femelles se couchent, il y a
superfétation, ou bien menace d'un travail
extraordinaire. Dans les multipares, ou femelles portant plusieurs petits à la fois, le
part exige qu'elles soient couchées ; les fœtus
sortent successivement suivant l'ordre de leur
position ; quelquefois un sujet chétif étant
suivi d'un autre très-vigoureux ; mais c'est
toujours le dernier venu qui est le plus faible.

Tous les accouchemens ne sont pas aussi
heureux. Quand les douleurs, insuffisantes,
en prolongent les apprêts, il convient de
fortifier la mère, en lui donnant, toutes les
trois ou quatre heures, du pain grillé trempé
dans du vin et de l'eau, dans du cidre ou de
la bière (1). On renouvelle en même temps
l'air et la litière, on promène la bête légèrement, si le temps est beau ; on la frotte et l'on

---

(1) Des artistes vétérinaires m'ayant attesté que le
poiré donnait au lait un goût désagréable et une qualité
qui l'empêchait de se convertir facilement en beurre
on doit éviter d'en faire usage, jusqu'à ce que des
expériences régulières démontrent que l'observation a
été mal faite.

attend les efforts efficaces. Si les obstacles augmentent, on saigne et l'on donne des lavemens émolliens; mais il faut se garder d'exciter la délivrance par des fouilles inconsidérées, prodiguer les soins, agir avec beaucoup de ménagemens, et se borner à seconder la nature, sans chercher à la vaincre. Elle se débarrassera bientôt d'elle-même.

Le part contre nature est le plus souvent l'indice 1°. de la mort du fœtus; 2°. d'un vice de conformation; 3°. de l'extrême faiblesse, ou du trop d'embonpoint de la mère. Il est encore la suite de la mauvaise position du fœtus, ou du volume extraordinaire de sa tête.

L'inquiétude, le trépignement, les mouvemens de la queue, en un mot tous les efforts de la mère cessent, dès l'instant que le fœtus a péri; elle tombe dans une faiblesse, dans un épuisement considérable; elle ne se livre plus qu'à des mouvemens dont la vigueur et les intervalles sont relatifs au degré de force qui lui reste; mais le plus ordinairement elle est languissante, se tient couchée, et l'expulsion n'a lieu qu'après plusieurs jours. Si la putréfaction s'empare du fœtus, il sort par la vulve une matière brune et fétide, les mamelles se flétrissent, et assez souvent la gan-

grène survient à la matrice, et entraîne bientôt la mort de la mère. On voit quelquefois
le fœtus mort demeurer dans le corps de sa
mère ; il se conserve alors par une espèce de
végétation, à la manière de certaines excrois-
sances. Le ventre reste ample, mais la bête
s'appauvrit de plus en plus, et meurt dans un
état de maigreur des plus hideux.

La difficulté procède-t-elle d'un vice de
conformité, ou bien du volume extraordinaire du fœtus, il faut s'assurer si le bassin
est propre à permettre la sortie, et examiner
lequel est le plus utile de sacrifier la mère ou
le petit. Dans l'un et l'autre cas, il importe
de recourir aux opérations chirurgicales,
c'est-à-dire à des instrumens dont l'usage
doit être réservé au médecin vétérinaire seulement.

Si la difficulté vient de la faiblesse, le
danger est moins grand. On préviendra tout
accident fâcheux, en fortifiant par des eaux
blanches un peu salées, et surtout par des
boissons fermentées, telles que le vin donné
en quantité relative à l'espèce sur laquelle
on agit ; cette quantité doit être d'un litre
pour la jument et la vache ; le tiers à peu
près de cette quantité pour l'ânesse ; le sixième

pour la brebis, la chèvre, la truie et la chienne de forte race ; moins encore pour celles qui sont petites, de même que pour la chatte. On peut réitérer l'emploi de cette boisson, après quelques heures, mais il est toujours essentiel de tenir le ventre libre.

La forte chaleur des oreilles, l'accélération du pouls, le battement des flancs, la sécheresse des lèvres et de la langue, sont la preuve qu'il y a excès d'échauffement, et qu'il est utile d'employer les relâchans et la saignée. Ces signes se remarquent aussi dans les cas du trop d'embonpoint.

Lorsqu'il y a fausse position, la présence du médecin vétérinaire est très-importante. Tantôt la tête paraît seule, ou bien avec une seule jambe de devant ; tantôt ce sont les deux pieds antérieurs qui viennent sans la tête, ou avec la tête renversée sur l'épaule ; tantôt c'est la croupe ou l'une des jambes de derrière. Dans le premier cas, on fouille avec beaucoup de précaution, et l'on ramène la jambe restée en arrière. Dans le second, on rentre autant que possible les jambes, pour avoir plus de facilité à tirer la tête dehors. Dans le troisième, le plus long et le plus pénible pour l'opérateur et pour la mère,

¹on repousse le fœtus aussi loin que l'on peut, ¹et l'on saisit les jambes de derrière pour les ¹placer en face de l'ouverture, et même les y ¹acheminer, s'il est possible. Ces diverses ¹opérations doivent être faites avec la plus ¹grande promptitude et dextérité.

Malgré toutes les précautions, il arrive quelquefois que, par suite de ces divers accidens, la matrice se renverse, en d'autres termes qu'elle sort du bas-ventre. Ce cas est très-grave, exige de prompts secours, un traitement particulier, et rentre encore dans les attributions du médecin vétérinaire.

Un cas qui rend le part impossible sans l'intervention de ce dernier, c'est quand il y a deux fœtus, et qu'il se présente un membre de l'un et un membre de l'autre. Ce cas difficile s'est trouvé sous nos yeux, aux environs de Paris, en 1811. Après que le propriétaire et les agens de la ferme se furent livrés à des efforts inutiles, un habile vétérinaire, feu notre ami Fromage de Feugré (1), appelé, reconnut le fœtus double, fit rentrer

____

(1) Il a péri victime de son courage et de son noble dévouement, en Russie, dans la malheureuse campagne de 1813, dont les suites ont été si fatales à notre patrie.

l'un, mit l'autre sur la voie de sortir, et les
obtint ainsi successivement tous les deux.

Je terminerai ce que j'avais à dire sur le
part contre nature, par une remarque importante : Une des grandes causes d'accidens,
est la précipitation des gens malavisés, qui
cherchent à arracher le fœtus à la plus légère
difficulté, tandis qu'il serait immanquablement venu seul, si l'on se fût donné la patience de laisser agir la nature, surtout quand
il demeure constant par le tact que le fœtus
est bien placé. Dans le cas d'embarras prolongé, il ne faut qu'être observateur attentif,
pour porter du secours au moment où il est
absolument nécessaire.

Le part n'est réellement terminé que lorsque l'animal est délivré de l'arrière-faix. Pour
s'assurer s'il est sorti tout entier, on l'examine
attentivement. L'arrière-faix, nommé aussi
placenta et *secondines*, est une masse ou
vessie charnue et spongieuse, qui, dans l'état
naturel, est close et fermée de toutes parts ;
elle représente en gros la forme de la matrice ;
elle est contournée en fer à cheval ; elle a deux
branches et un corps ; celui-ci est la partie la
plus large, il répond à la pince du fer, et
c'est précisément cet endroit que le fœtus

déchire au moment de sa sortie. Ce déchirement s'opérant sans déperdition de substance, il est facile de s'assurer si cette poche est entière ; il suffit d'en rapprocher les parties déchirées.

Il arrive souvent qu'il reste des portions d'arrière-faix dans l'antre utérin, et même qu'il y demeure plusieurs mois tout entier ; alors il sort putréfié avec une suppuration infecte. Cet accident pouvant avoir des suites fâcheuses, il est bon de recourir aussitôt à l'artiste vétérinaire. Mais ces cas sont très-rares ; la nature se débarrasse d'elle-même, au plus tard au bout de douze heures.

Après le part naturel, les femelles demandent du repos, beaucoup de propreté, des alimens d'abord en petite quantité, mais substantiels, puis un peu plus abondans, pour revenir au régime ordinaire. Il faut aussi donner des eaux blanches tièdes, de la litière fraîche, de légers bouchonnemens et une couverture, si le temps est rigoureux. Dans le part contre nature, le travail ayant été plus pénible, le simple régime diététique ne suffirait pas ; on est obligé d'avoir recours à des breuvages fortifians, et de faire des injections aromatiques plus ou moins réitérées, et pré-

parées selon l'état du pouls et l'odeur qui
s'exhale de la matrice, avec du vin miellé,
ou avec l'infusion de fleurs de sureau, aiguisée
d'eau-de-vie.

CHAPITRE XII.

Soins à donner aux Petits.

Aussitôt après la délivrance de la mère,
commence l'éducation des petits; les soins
qu'ils réclament sont minutieux, mais leur
bien venue en dépend; il ne faut en négliger
aucun.

L'allaitement est, pour les animaux de la
classe des mammifères, l'objet le plus important. Dès les premiers instans de la naissance, l'instinct les porte à téter; aussi doit-
on aider à ceux qui sont faibles, hors d'état
de se lever et d'obéir à cette impulsion de la
nature : il faut les amener doucement auprès
du pis, et même leur mettre le mamelon
dans la bouche. Ne croyez point, comme on
le dit ordinairement, et comme beaucoup
d'écrivains vulgaires le publient, que le pre-

mier lait, ce lait épais, jaunâtre et visqueux, qui s'amasse dans les mamelles, et que les anciens appelaient *colostrum*, soit dangereux, ou pour le moins inutile. Son amertume et sa vertu laxative lui donnent toutes les qualités nécessaires pour débarrasser promptement et sans secousses, les intestins des jeunes sujets, de la matière noirâtre, épaisse, qui les tapisse, et que l'on désigne sous le nom de *meconium*. Cela est si vrai, que, lorsque la mère a péri dans les douleurs de la mise bas, ou bien qu'elle est malade ou dans l'impossibilité de se laisser téter, il convient de remplacer ce premier lait par des substances légèrement purgatives, si l'on veut conserver et amener à bien le nouveau né.

Dans toutes les espèces, les femelles sont portées, par un instinct invincible, vers leurs petits, et si on les en éloigne, elles en éprouvent une cuisante douleur. Ce premier mouvement de la nature paraît tout à la fois fondé sur un soulagement physique que l'action d'allaiter procure à la nourrice, et le bien qu'elle fait à des êtres auxquels elle a péniblement donné la vie, et dont les vagissemens lui inspirent le plus vif intérêt.

Cependant, toutes les mères ne sont pas

également tendres; parmi les animaux, la
dépravation s'est fait jour, et souvent on rencontre dans une métairie plus d'une femelle
marâtre. Quand on en voit une qui repousse
impitoyablement son petit, et refuse de le
lécher, on doit l'y obliger en jetant sur
celui-ci un peu de sel réduit en poudre ou du
son bien sec. Si elle continue à le maltraiter
et à l'éloigner du pis, il faut s'assurer, par
une inspection rigoureuse, si cette conduite
barbare n'a pas pour cause quelqu'affection
morbifique des mamelles. Il convient alors de
suspendre l'accomplissement du vœu de la
nature. Mais si elle est l'effet d'un tic, de
l'impatience ou même d'un vice de cœur, on
l'oblige à se laisser téter, en la fixant d'abord
de manière à ne pouvoir se faire aucun mal,
ni ruer, puis en lui levant une jambe de
derrière, afin de mettre la mamelle à découvert et d'en approcher librement le petit. On
peut encore les enfermer ensemble dans un
endroit resserré, et veiller à ce qu'il n'arrive
aucun accident.

Les Espagnols emploient un autre moyen;
ils attachent par une jambe de derrière à un
piquet la mère qui refuse d'allaiter, ensuite
ils passent sous la poitrine, près des épaules,

une fourche de bois façonnée en Y, et enfoncée en terre. Cette fourche est assez élevée pour que le devant du corps s'y trouve suspendu : dans cette position le petit, ne trouvant plus d'obstacle, se met à téter, et le fait avec une avidité toute particulière. On a remarqué qu'une femelle assujettie deux ou trois fois à cette épreuve gênante, ne faisait plus aucune difficulté d'obéir à la voix de la nature.

Il y a plusieurs précautions à prendre lorsqu'il s'agit d'une mère étrangère. On commence par approcher d'elle le petit qu'on veut lui faire adopter, au lieu et place de celui qu'elle a perdu ou qu'on lui a soustrait. On le frotte, s'il est possible, selon les uns, avec l'arrière-faix dont elle s'est délivrée, ou mieux encore, selon les autres, on le revêt momentanément de la peau fraîche du petit qu'elle cherche, qu'elle appelle par ses plaintes douloureuses. Il est rare que ces artifices ne réussissent pas; mais s'il en était autrement, il faudrait recourir aux moyens de contrainte que nous venons d'indiquer. Dans tous les cas, cette mère d'emprunt doit être vigoureuse, bonne laitière, et son lait n'être pas déjà vieux, trop épais et trop nourrissant :

loin de profiter au petit, il fatiguerait son
estomac, et occasionnerait des accidens sans
cesse renaissans.

Les anciens étaient dans l'usage de donner
deux nourrices au petit sur qui ils fondaient
l'espérance de la race; ils sacrifiaient à cet
effet les individus qui naissaient trop faibles,
et adjoignaient aux véritables mères des élus,
les femelles que l'on avait impitoyablement
séparées du fruit de leurs amours. Ce moyen
était surtout réservé en Italie, pour les moutons de Tarente. Chaque agneau, nous apprend Columelle (1), avait deux nourrices,
auxquelles on ne tirait point de lait, pour
qu'il se fortifiât plus promptement, et que
l'allaitement, partagé entre deux nourrices,
devînt moins fatigant.

Comme nous l'avons déjà dit, on a dû cesser
de traire les femelles au moins deux mois avant
le part; il ne faut leur rien demander que le
troisième mois après. Les sécrétions laiteuses
qui ont lieu entre ces deux époques, sont absolument nécessaires au fœtus. Je n'ignore pas
que l'on agit autrement, surtout aux environs
des villes, où l'on ne voit que les bénéfices d'une

---

(1) Columelle, *de Re rustica*, VII., 4.

d'une vente assurée chaque jour, sans s'inquiéter du mal qui peut résulter, et pour l'homme qui boit un lait de mauvaise qualité, et pour l'animal que l'on prive de sa nourriture la plus convenable. Non-seulement le retranchement que l'on fait ainsi à ce dernier d'une portion de ses alimens pendant les deux premiers mois de son existence, l'affaiblit beaucoup, mais il nuit encore essentiellement à son développement, et peut même altérer les races, si par la suite on fait servir à la propagation l'individu élevé de la sorte.

Plus les petits tètent de temps, plus ils deviennent grands et forts. QUERBRAT-CALLOET (1), qui écrivait sur cet objet il y a près de deux siècles, rapporte plusieurs exemples à l'appui de cette assertion. Il dit, entr'autres faits, avoir vu dans une métairie de l'ancienne Bretagne, de grands et de petits bœufs, provenant des mêmes individus, dont les uns avaient tété plus long-temps que les autres. Dans une autre métairie, située à Auray, près de Lorient, il avait remarqué une race de vaches grandes et belles, qui

___

(1) *Moyen pour augmenter les revenus du royaume de plusieurs millions*, in-4°. Paris, 1666, pages 21 et 22.

I. 12

avaient tété long-temps, dont les mères
étaient petites. Tout dépend de là, ajoute-t-
il ; le profit est double.

Lorsqu'une nourrice a naturellement peu
de lait, on supplée à ce défaut par d'autres
substances. Pour les herbivores, il faut recourir aux alimens liquides, mucilagineux,
sucrés, nourrissans et de facile digestion, tels
que des œufs frais crus, de l'eau de graine
de lin, des farines et des gruaux délayés dans
de l'eau presque tiède, dans du lait coupé
ou de la mélasse étendue d'eau, selon le
plus ou le moins de force du sujet ; des grains
cuits et écrasés, auxquels on peut associer
plus tard une décoction du foin le plus fin
et le plus délicat, qu'on remplacera insensiblement par quelque nourriture fraîche
et aqueuse, comme la rave, le rutabaga,
le navet, le chou à faucher, etc. ; les racines
les plus riches en principe sucré cuites ou
broyées, telles que la betterave, la carotte,
le panais, etc., et surtout l'herbe molle des
meilleures prairies. Pour les espèces carni-
vores, le sang et les chairs les plus nutritives
sont les alimens les plus convenables.

Le lait de mauvaise qualité cause la diar-
rhée, et par suite la débilitation. On recon-

naît qu'il ne vaut rien en en exprimant des mamelons : quand il est trop aqueux, bleuâtre (1), ou tirant sur le jaune, ces couleurs annoncent le plus souvent l'état maladif de la mère, et la nécessité de lui ôter son petit. On met alors à la portée de ce dernier une pierre de craie qu'il lèche très-souvent. Cet

---

(1) Il ne faut cependant pas regarder tout lait bleu comme l'effet d'une maladie des organes : ce phénomène tient aussi à d'autres causes. Nous avons vu du lait de vaches et de brebis se couvrir à la surface de petite taches, dans lesquelles le plus fort microscope ne nous fit découvrir aucune trace de moisissure ; ces tache grandissaient insensiblement, et formaient ensuite une couche uniforme, dont la teinte bleue foncée se communiqua plus tard à toute la masse du lait. Ce liquide ne différait du lait blanc, ni par l'odeur ni par le goût, et il était impossible de l'en distinguer au moment où l'on venait de le traire. Mis dans la baratte, il donna, une demi-heure après, un beurre abondant, d'un bon goût, d'une couleur jaune, qui n'offrit pas la moindre nuance de bleu ; en revanche, la baratte était tellement teinte de cette couleur, qu'on aurait cru qu'elle l'avait été par une dissolution d'indigo. La cause de ce phénomène était due à la nourriture que les vaches et les brebis avaient prise. Le sain-foin imprime au bout de deux jours, au lait de certaines femelles qui en mangent, une couleur bleue. KLAPROTH, qui avait fait une semblable remarque, s'est assuré que la matière colo-

absorbant se combine avec l'excès des acides
contenus dans son estomac, forme un sel
neutre, qui devient tonique, et par cette propriété, il rétablit l'ordre des digestions.

Y a-t-il surabondance de lait ? il faut dé-
gorger le pis et jeter le premier lait qui en
sort (1). C'est le seul cas où l'on puisse se

---

rante de ce lait, soumise à l'action des réactifs, se com-
porte précisément comme l'indigo; d'où l'habile chi-
miste a conclu que cette substance passait dans le lait
des femelles, lorsqu'elles broutent les herbes qui la
contiennent. Néanmoins, comme ce cas est rare, même
parmi les bêtes qui composent un troupeau et qui mangent les mêmes herbes, on doit peut-être croire que
l'organisation particulière à tel ou tel autre animal,
est susceptible de faciliter la sécrétion de la matière
colorante. Ce qu'il y a de certain, c'est que cette couleur bleue n'est point due, comme on pouvait le croire,
au développement d'une certaine quantité d'acide prussique : des expériences suivies, faites avec le plus grand
soin, l'ont démontré à mes yeux.

(1) En tout temps, et c'est une observation incon-
testable, le lait qui sort le premier du pis est beaucoup
plus imprégné d'un goût étranger quelconque, que le
lait qui vient après; il est encore plus clair, contient
seize fois moins de crème, et cette crème est blanche
comme du papier. La crème du second lait est au contraire abondante, très-épaisse, d'une belle couleur
orangée, et donne un beurre très-jaune et bien gras.

q permettre de traire une femelle lorsqu'elle est
n nourrice. L'engorgement rendrait trop sensible et trop douloureuse l'approche du petit;
le mal pourrait aussi devenir inflammatoire,
et abandonné à lui-même, dégénérer bientôt
en abcès fistuleux.

Tous les jeunes animaux doivent être, ainsi
que leurs mères, tenus chaudement dans les
premiers temps. On a recommandé le contraire, mais l'observation nous prouve que
c'est une grande erreur; en effet, dans l'état
d'indépendance absolue, les femelles cherchent, dès les premiers indices du part, un
lieu isolé, où elles seront, elles et leurs petits, à l'abri du froid. Autant un air stagnant
et humide leur est nuisible, autant une chaleur modérée est favorable au développement
des nouveaux nés, et à l'abondance du lait
de leurs mères.

Les petits de la plupart des animaux doivent rester à l'étable, dans un local séparé,
fort sain et bien clos, pendant que les nourrices vont au champ puiser de nouvelles
forces. Les petits des bêtes de travail peuvent,
lorsque les circonstances le permettent, suivre
leurs mères : cet exercice est très-salutaire.
Il l'est également, surtout par un beau temps,

aux femelles qui ne sont tributaires d'aucune espèce d'occupation forcée, ainsi que leurs petits, quand ils sont dans un état de bonne santé; mais l'usage ne le permet pas toujours, et ici, comme en toute autre chose, l'usage l'emporte sur le raisonnement, sur le besoin de la nature.

Bientôt les jeunes sujets prennent l'habitude de se nourrir, concurremment avec le lait de leurs mères, d'abord d'eaux blanches, ensuite d'aliments tendres un peu plus succulents, comme le regain ou l'herbe molle; alors, surtout quand par leur accroissement le lait ne suffit plus à leur estomac, on les mène aux pâturages, les premières semaines vers le milieu du jour, non loin de l'habitation et en compagnie de leurs mères, pour apprendre d'elles à se nourrir seuls dans les champs. Une fois accoutumés à manger, on les laisse téter moins souvent, puis on les sépare pendant le jour de leurs nourrices, et au bout de quelque temps, l'époque du sevrage étant arrivée (la nature elle-même en indique l'instant), on fait entièrement cesser l'allaitement; et de crainte que les petits ne regrettent leur première nourriture, on leur livre un bon pâturage où l'herbe est tendre et succulente. S'ils demeurent habituellement dans l'écurie, on préférera l'orge et l'avoine concassés, ou des racines cuites. Quand, enfin, on est assuré qu'ils ont oublié leurs mères, on les réunit au troupeau.

Le sévrage doit toujours se faire avec précaution, pour prévenir de graves inconvéniens. On risque, en le brusquant, de ruiner le petit, et d'occasionner des engorgemens laiteux dans les mamelles, fort longs à guérir. Le petit étant séparé de sa mère, il suffit de tenir celle-ci dans un local clos pendant quelques jours, de la promener par un beau temps, mais, si c'est une bête de somme ou de trait, on peut la faire travailler, pourvu que ce soit modérément. Quant au jeune sujet, il faut avoir attention à ce qu'il ne contracte pas l'habitude de téter un autre petit, ou de se laisser téter, comme il arrive assez fréquemment; ce qui l'épuiserait et le ferait bientôt périr. S'il en était ainsi, il faudrait séparer de suite les deux individus; plus tard le mal serait difficile, pour ne pas dire impossible à réparer.

Plus les petits profiteront vite, plus il sera de l'intérêt du propriétaire de veiller scrupuleusement à ce que les mâles ne soient point

admis aux lieux où paissent les femelles; ils
se fatigueraient bientôt, porteraient le trouble
partout, finiraient par être absolument incapables de tout service, et par amener sur le
troupeau la longue série de désordre que nous
avons déjà eu l'occasion de signaler plus haut.

Les insectes cultivés dans la ferme et les
volatiles qui font l'ornement et la richesse de
la basse-cour, exigent de moins grandes attentions; cependant ils réclament aussi quelques soins. Les premiers veulent seulement
une température assez élevée toujours égale,
un air libre et souvent renouvelé; une
nourriture choisie et calculée sur les progrès
de leur croissance. Les petits des volatiles attendent de la ménagère une pâtée plus ou
moins sèche, composée de pain émietté et
d'autres substances appropriées aux différentes espèces. Nous entrerons à ce sujet dans
les détails convenables, lorsque nous traiterons séparément de la basse-cour. Seulement
nous ferons observer ici qu'il y a toujours des
risques à courir pour le bec de l'animal,
quand on a recours à la pratique vulgaire de
l'embecqueter. Il ne faut rien précipiter
lorsqu'au sortir de l'œuf, le petit ne donne
aucun signe qu'il veut chercher sa vie, et

qu'il n'y est nullement amené par sa mère. L'expérience prouve qu'il y a des individus et même des espèces, comme les dindons, qui passent deux et trois jours avant de manger par eux-mêmes On doit prendre ses précautions d'avance, en associant deux ou trois œufs de poule ordinaire, à ceux des poules d Inde, dix jours après qu'elles sont en couvaison, afin que les petits éclosent en même temps. Comme les poulets becquetent à peine dehors de la coquille, ils deviennent pour les poussins d'Inde du même âge, un exemple qui est bientôt imité, et qui les détermine à manger quelques heures plus tôt ; ce qui n'est pas sans utilité.

CHAPITRE XIII.

De la Castration.

C'est dans les premières époques de la naissance, qu'on est en usage de priver les animaux domestiques des organes de la génération, pour maitriser leur caractère violent, les rendre propres au travail, et les disposer à s'engraisser promptement. Les

changemens singuliers que la castration produit sur le physique et sur le moral, la font
regarder comme une des opérations les plus
essentielles à l'économie rurale et domestique.
Ces changemens sont profondément prononcés dans les mâles; ils le sont moins chez
les femelles. Le cheval a perdu son hennissement éclatant et fier; le taureau sa voix
profonde, bruyante et prolongée; le buffle
ses mœurs sauvages; le bélier ses cornes doublement contournées; le verrat ses crochets
ou dents canines; le coq son chant sonore,
qui annonce le point du jour, son regard vif
et animé (1), etc. Les femelles gagnent du côté
de la beauté de la robe; là toison des brebis
en devient plus abondante, etc.

La castration se fait alors que les organes
destinés à être amputés n'ont pas encore pris
leur entier développement; plus tard, les
accidens seraient graves et nombreux; on
compromettrait les autres systèmes avec lesquels celui de la génération a contracté une

______

(1) Alors le cheval est *hongre*; le veau s'appelle
bouvillon; le taureau *bœuf*; le bélier *mouton*; le verrat
cochon; le coq *chapon*; la brebis *moutonne*; la poule
poularde, etc.

union intime, une correspondance directe et de tous les instans. L'âge le plus propice, selon les climats, est de trois ou cinq ans pour le poulain, alors que la croupe et l'encolure sont arrivées à leurs points; deux ans et demi et trois pour l'ânon; dix-huit mois pour les veaux; six semaines pour l'agneau et le cabri; quinze ou vingt jours pour les pourceaux, etc. Quant aux femelles, elles doivent être coupées pendant qu'elles sont encore à la mamelle. Les grands froids et les chaleurs excessives sont également contraires au succès de cette opération; les premiers occasionnent les inflammations de l'abdomen et ses hydropisies; les secondes exposent à la gangrène. Il faut choisir un beau jour de printemps ou d'automne, et éviter surtout que l'animal soit en ce moment triste, ou tourmenté par la dentition, des tranchées ou quelque autre affection plus ou moins douloureuse. On le prépare à l'amputation, en lui retranchant la veille moitié de sa ration accoutumée, en le saignant une ou plusieurs fois, selon que l'on redoute la violence des efforts ou celle des accidens. Elle est fort difficile et d'une réussite très-chanceuse dans les pays chauds, où le climat contribue à rendre les animaux plus ardens et plus disposés aux maladies inflammatoires.

Dans presque tous les pays, cette opération est abandonnée aux *châtreurs* ou *affranchisseurs* de profession, qui agissent plutôt par une aveugle routine, qu'à l'aide du flambeau des connaissances anatomiques et physiologiques. Il vaudrait beaucoup mieux s'en remettre à l'artiste vétérinaire, ou bien faire instruire convenablement les gardiens dans cette pratique. L'opérateur doit agir lestement, avec l'à-plomb que donne une longue habitude, pénétrer toutes les dispositions de l'animal, s'assurer de ses mouvemens, et le contenir dans une situation commode à tous les deux, prévoir les accidens plus ou moins graves qui précèdent, accompagnent et suivent la castration, et être prêt aussitôt à y porter remède. L'adresse et la douceur procurent le plus souvent une patience suffisante, qu'on obtiendrait avec peine par les moyens de contrainte.

Les anciens n'avaient que deux méthodes pour faire la castration des quadrupèdes mâles (1); nous en avons maintenant sept, sa-

----

(1) *Vétérinaires Grecs*, in-4°. Bâle, 1537, pag. 238
240. La version latine de RUEL est estimée ; il existe

voir : 1°. la simple amputation du cordon spermatique; 2°. sa ligature; 3°. les billots ou casseaux ; 4°. la torsion ou le bistournage ; 5°. le fer rouge ; 6°. l'arrachement, 7°. et l'écrasement.

La castration par simple amputation du cordon spermatique se fait, après avoir assujetti l'animal, en ouvrant le scrotum et la tunique vaginale, en saisissant le testicule, en allongeant le cordon, en le coupant net et transversalement. Ce procédé ne convient que pour les jeunes animaux ; dans ceux où les organes de la génération sont entièrement développés, les artères ont un volume qui rend l'hémorragie redoutable, sinon pour la vie du patient, du moins pour l'intégrité de son tempérament.

La castration par la ligature a lieu au moyen d'une ficelle, appelée *fil de fouet*, d'où l'on a donné à l'opération le nom de *fouettage*, ou simplement *fouetter* et *billon-*

de cet ouvrage deux traductions françaises ; l'une de JEAN MASSÉ, publiée in-4°., en 1563 ; l'autre de JEAN JOURDAIN, in-folio, 1647, sous le titre de *Vraie Connaissance du Cheval, ses maladies et ses remèdes*, fut réimprimée en 1654. Un bon extrait des écrits des *Vétérinaires Grecs* est encore à faire.

ner (1). On embrasse à la fois, dans un nœud fortement serré, le scrotum et les cordons spermatiques; huit jours après on ouvre les bourses en dessous, pour en dégager les testicules, et l'on ampute. En France et en Allemagne, cette castration se fait avec succès sur des agneaux anténois, sur des béliers de quatre ans, et même sur des taureaux de trois ans.

La castration par billots ou casseaux est très-ancienne; APSYRTE, médecin vétérinaire grec, la recommandait particulièrement (2); c'est aussi celle qui est la plus usitée de nos jours par les hommes de l'art, comme la plus sûre, la plus facile et la plus prompte, quoiqu'elle présente beaucoup d'inconvéniens, et nécessite de grandes précautions. On se sert à cet effet d'une espèce de pince de sureau ou d'autre bois, du diamètre de 27 millimètres (1 pouce), et longue de 14 à 16 centimètres (5 à 6 pouces), dont on a remplacé la moelle par une pâte quelconque, saupoudrée de muriate de mercure oxigéné, ou de sulfate

---

(1) Dans le département de la Charente, on appelle cette sorte de castration le *point doré.*

(2) *Vétérinaires Grecs*, li., 40.

de cuivre (1) en poudre. Le bout supérieur est lié à demeure avec deux tours de bonne ficelle, nouée à droit nœud ; une autre ficelle, longue de 41 centimètres, ou 15 pouces, est destinée à serrer l'autre bout du casseau lorsqu'on en fait usage. Il en faut deux pour chaque animal. Après l'incision du scrotum , les casseaux étant fixés sur les testicules, on ampute l'un et l'autre sans être incommodé par le sang. Il faut avoir grand soin de bien serrer les casseaux ; sans cette précaution , la circulation ne sera pas complettement arrêtée, le nerf comprimé causera des douleurs violentes, une inflammation considérable, et souvent le tétanos. Au rapport de Magon (2), les Carthaginois, qui se servaient aussi de cette méthode , laissaient une portion des testicules attachée aux vaisseaux et aux nerfs spermatiques, d'abord pour prévenir une hémorragie considérable , ensuite pour empêcher que l'animal mutilé ne perdît tout-à-fait ses forces et ses formes, en perdant la faculté d'engendrer. Des vétérinaires modernes blâment cette sorte de restriction : elle

---

(1) Vulgairement dits *sublimé corrosif* et *vitriol bleu*.
(2) Cité par COLUMELLE , *de Re rustica* , VI. , 26.

a peu d'inconvéniens dans les jeunes sujets, disent-ils, mais elle est une source d'accidens pour ceux qui sont avancés en âge. Un peu de tristesse et un léger embarras du train de derrière, sont les suites les plus simples de la castration par billots ou casseaux; l'animal qui vient de la subir, une fois relevé, se trouve comme étonné, porte la queue basse, et incline fortement la tête. Il faut le faire marcher lentement pendant une heure, quand le temps est beau; il marche en écartant les cuisses; rentré à l'écurie, on doit l'attacher court, pour l'empêcher de porter la tête aux parties lésées; la surveillance d'un gardien ne suffirait pas; l'animal remis à sa place, piétine, s'impatiente de l'état de gêne et de l'espèce d'anxiété que la présence des casseaux lui cause, et cherche tous les moyens de les arracher avec les dents. En général, on fait indistinctement une saignée à tous les animaux soumis à cette sorte de castration; mais on ne devrait la pratiquer que sur les individus trop ardens. On donne, de temps à autre, d'abord un peu de paille et de l'eau blanche pour les amuser et pour tempérer leurs mouvemens d'impatience; ensuite des alimens choisis, dont on augmente la dose après quelques jours. On nettoie exactement, le matin et le soir, les parties salies par la suppuration, avec une éponge mouillée d'eau tiède ou à l'aide d'une petite seringue. Quand l'opération a été faite à propos et avec adresse, la cicatrice se ferme du dixième au quarantième jour.

La castration par torsion, dont on use pour serrer et bistourner les testicules des jeunes taureaux et des béliers, surtout dans nos départemens du midi et en Espagne, amène le dépérissement et l'atrophie de ces organes de la reproduction ; elle est ordinairement peu douloureuse et sans danger. On saigne pour prévenir l'engorgement et la fièvre. C'est l'affaire de deux jours. Les taureaux qui ont subi cette opération ont de la gaîté ; il en est même qui conservent des désirs. On a prétendu qu'ils étaient plus propres au travail ; mais j'ai acquis la preuve du contraire dans le Piémont, où les taureaux châtrés par torsion, s'échauffent auprès des vaches, et tombent bientôt dans un affaissement total. Il est également faux qu'ils soient sujets plus particulièrement à la paralysie des reins.

La castration par le feu est une méthode

des plus anciennes; les vétérinaires grecs et
latins la pratiquaient (1). Elle a beaucoup de
rapport avec la castration au moyen des casseaux, et se termine par l'application du fer
rouge sur le bout du cordon amputé. Quelques personnes coupent le cordon avec un
cautère à bouton ou de fer plat; d'autres,
d'après le conseil de SOLLEYSEL (2), saupou-
drent de résine pulvérisée le bout du cordon,
et la mettent en fusion par une nouvelle application du cautère. Depuis un demi-siècle,
cette sorte de castration, quoique d'une réussite certaine est elle venue d'un usage beaucoup
moins général. Cependant, elle a encore des
partisans en France, en Allemagne et en
Angleterre; elle est journellement pratiquée
chez les Kalmoucks.

La castration dite *par arrachement* ou par
la rupture du cordon, est d'un usage habituel
en France, en Saxe, en Hongrie, dans toute
l'Allemagne et en Angleterre, pour les agneaux,
les chiens, les lapins, et quelquefois pour le

---

(1) APSYRTE et HIÉROCLÈS, liv. II, chap. 40 des *Vétérinaires Grecs*; VEGETIUS, *de Re Veterinaria*, III. 24.

(2) *Le parfait Mareschal*, in-4°, Paris, 1693, chap. 105
du tome I.er

buffle adulte et le verrat, avant le sevrage. Des vétérinaires estimables voudraient la voir adopter pour le cheval, qui est, de tous les animaux domestiques, celui qui souffre le plus de l'opération de la castration. La vive douleur qu'elle cause, disent-ils, n'est pas de durée : elle cesse aussitôt que le testicule est enlevé et le nerf séparé. Pour faire cette sorte de castration, on met le scrotum à découvert ; l'incision ouvre les deux poches des testicules ; les châtreurs les arrachent avec les dents ; on le fait d'une manière plus prompte et moins dégoûtante, avec une espèce de casseau, dont les branches nouées seulement par un bout, forment des courbures pareilles à celles des dents. Le déchirement empêche l'hémorragie, et n'occasionne point d'accidens. L'animal conserve son appétit ; la fièvre est très-légère, et la guérison aussi prompte que radicale.

La castration par froissement ou écrasement, est la plus douloureuse et la plus barbare de toutes. Elle consiste à comprimer fortement les testicules avec des tenailles à mors plats et larges, ou à les confondre entre deux morceaux de bois. Elle était connue des anciens ; ARISTOTE (1) en a parlé. Cette

(1) *Hist. Animal.*, IX. 50. Ce que ce savant natura-

espèce de castration laisse à l'animal une
sorte de vivacité qui approche beaucoup de
celle de l'animal entier.

Les femelles sont aussi soumises à la castration : on leur ampute les ovaires et même
quelquefois les cornes de la matrice. A cet
effet, on ouvre l'abdomen à l'un des flancs,
on coupe l'ovaire avec un bistouri, ou bien
on le déchire avec l'ongle ; on le cautérise ou
bien on en fait la ligature, puis on coud la
plaie du ventre. De toutes les femelles, la
truie est celle dont la castration est la plus
commune et la plus facile; elle subit l'opération à trois mois, à six mois, et même beaucoup plus tard, mais avec moins de succès.
L'agnelle et la génisse, la chienne et la pou-
liche, sont parfois soumises à la castration ,
mais en général cet usage est fort peu commun
en France ; il l'est beaucoup plus en Italie et
plus encore en Angleterre, où, pour faire
cette opération, on attend l'instant qu'une

___

liste dit, liv. III., 1., d'un taureau qui s'accoupla avec
une vache, et la féconda au moment même où il venait
d'être coupé, est évidemment une interpolation : tous
les faits cités précédemment par ARISTOTE, le prouvent
d'une manière très-positive.

femelle est pleine, afin de pouvoir mieux distinguer la matrice et les ovaires.

J'ai emprunté tous ces procédés aux vétérinaires les plus instruits ; voyons maintenant quels sont, pour les différens âges et les diverses espèces, les plus convenables, et de l'usage le plus sûr. Les observations les mieux faites montrent que l'opération réussit surtout pour le cheval, l'âne et le mulet, par les casseaux et par le feu ; pour le taureau, par les casseaux et la torsion ; pour le bélier et le bouc, par la torsion et le fouettage ; pour les agneaux et les coqs, par rupture ; le lapin, le chien et le chat, par simple incision, lorsqu'il s'agit de jeunes sujets. Il faut encore s'y prendre de bonne heure pour l'amputation des ovaires dans les femelles des quadrupèdes et dans les volatiles. Quand les animaux sont bien préparés, il n'arrive point d'accidens, et l'opération est bien faite.

Mais qu'on ne croie pas que j'approuve l'usage de la castration ; cette opération est révoltante. On ne lit pas sans frémir qu'une femme étendit cette dégradation jusqu'à l'homme (1). Il faut la considérer comme un

____

(1) Sémiramis, reine d'Assyrie.

reste des mœurs barbares, que donnent le despotisme et l'ignorance. La castration déshonore l'homme qui l'exécute ; elle dégrade l'animal, dont elle abrège la vie ; elle lui ôte une grande partie de ses forces, et l'expose à des maladies qu'il n'aurait jamais connues. Le cheval perd son hennissement éclatant et fier, la noblesse des mouvemens, sa vivacité et son ardeur ; ses muscles sont moins prononcés, les crins cessent d'être ondulés, les poils d'être ras, sa robe a moins d'éclat. Le taureau n'a plus ni ses mœurs sauvages, ni sa voix profonde et prolongée ; la pétulance qui le caractérisait est remplacée par une grande mollesse, par une indolence assommante. Le bélier dépose ses cornes doublement contournées, que les anciens avaient adoptées comme le signe du courage, de la force et de la puissance (1). Ces changemens singuliers et profondément marqués chez toutes les espèces d'animaux, soit dans le physique, soit dans le moral, sont moins prononcés chez les femelles que chez les mâles. En vain on voudrait

---

(1) Dans le langage métaphorique des peuples de l'Orient, la corne de bélier a encore la même signification.

les compenser par les prétendus avantages qu'en retire l'agriculture, par la sûreté que la castration offre à l'homme, par les accidens de tout genre qu'elle prévient. Rien ne peut légitimer cette méthode cruelle.

Quoique originaire de l'Orient, la castration y est condamnée, et maintenant on peut dire qu'elle est toute européenne. Ce n'est point parce qu'elle réussit peu dans les contrées brûlantes qu'il habite, que l'Arabe, que le Persan ne mutile point le cheval avec lequel il passe presque toute sa vie, c'est qu'il n'aime point à faire souffrir l'ami qu'il s'est choisi; c'est qu'il ne veut point le dépouiller de ses qualités les plus brillantes. En Egypte, en Turquie, chez les peuples nomades de l'Asie septentrionale, et même chez les Espagnols et les Napolitains, la castration est regardée comme inutile et comme une pratique honteuse. Les nations de l'Inde font la guerre montées sur des chevaux entiers. En France, le service des postes et roulages n'est fait généralement que par des chevaux entiers; dans plusieurs départemens, on est dans l'usage de les employer au labour et même à la charrette. En Angleterre et en Italie, on voit dans de grandes fermes, des taureaux attelés à la

charrue et aux voitures, obéir à la voix et
aux guides de celui qui les dirige (1). Les
Valaques ont soumis le buffle au joug; ils
l'emploient à la culture des terres, de préférence au bœuf et au cheval. C'est par des
soins, de la douceur et de bons traitemens,
qu'on peut rendre les animaux dociles. En
suivant les conseils que nous avons donnés à
ce sujet dans les chapitres précédens, on
obtiendra tout ce que l'on voudra de ses
bêtes, et l'on n'aura pas besoin, pour les
dompter, de recourir à la castration. Souve-
nons-nous toujours que la paresse et la brutalité des gardiens sont les causes de la fureur
des animaux, et de leur dégénération morale.
Les chevaux arabes, barbes, espagnols, li-
mousins, que l'on soigne, sont entr'eux et
auprès des jumens moins hargneux, moins
méchans que les chevaux de race grossière,
abandonnés aux caprices des valets.

---

(1) Les taureaux reviennent à meilleur compte que
les bœufs, et font le double d'ouvrage. Le seul inconvénient à leur emploi, c'est de ne pouvoir pas les
nourrir aux champs; mais les cultivateurs éclairés ne
regardèrent pas cette circonstance comme un désavan-
tage, parce qu'ils estiment généralement qu'il vaut
mieux nourrir à l'étable les bêtes à cornes qui travaillent.

CHAPITRE XIV.

De l'Engraissement.

QUE l'homme ait créé le blé pour en faire
la base alimentaire de laquelle devaient un jour
surgir toutes les causes de la civilisation; qu'il
ait ôté à la pêche son âcreté, à la pomme de
terre, au manioc, au marron d'Inde, à la
bryone leurs sucs vénéneux, à la poire sa
chair dure et aigre; qu'il ait su tirer parti de
la graine acerbe du café par la torréfaction,
et du fruit amer de l'olivier par des lessives;
qu'il ait cultivé les légumineuses de diverses
espèces, les châtaigniers, les vignes, pour
satisfaire aux premiers de ses besoins; qu'il
ait forcé le chêne et l'orme à lui donner leurs
troncs séculaires pour élever une cabane; qu'il
ait employé les fibres corticales du lin et du
chanvre à se tisser un vêtement, tout cela se
conçoit; tout cela, si je peux m'exprimer
ainsi, ne rompt point l'harmonie constante
qui unit les êtres : rien ne blesse la sensibilité.
Mais tuer l'animal que nous avons vu naître,

à qui nous avons donné tous nos soins, que nous avons associé à nos travaux ; mais se gorger de sa chair et de son sang, après qu'il nous a prêté ses forces, nourri de son lait, enrichi de sa dépouille, n'est-ce pas le comble de la barbarie ? Les plaintes douloureuses, les larmes déchirantes de la victime n'ont point désarmé le bras du meurtrier ! Qu'on ne prétende pas justifier cet usage atroce, en le montrant consacré depuis des siècles. On pourrait ainsi rendre légitimes les institutions les plus anti-sociales, la traite des nègres, le commerce infâme que certains gouvernemens font de l'existence des hommes, toutes les créations infernales du despotisme et de l'imposture, de l'ambition et de la force.

Les végétaux constituent la principale nourriture de l'homme, mais ils ne pourraient point suffire, si l'on n'y adjoignait le lait, nourriture mixte, qui présente à la fois les propriétés des substances animales et des substances végétales. La chair des animaux dont on a fait usage ensuite, paraît même nécessaire pour développer les forces de l'homme ou les lui rendre, lorsque par des maladies il les a perdues ; elle renferme du moins plus de suc nutritif, et stimule les

vaisseaux absorbans et exhalans d'une manière plus énergique, plus long-temps soutenue que tous les végétaux, employés comme
alimens. Ce principe, reconnu par la médecine moderne, n'était point reçu chez les
anciens ; ils donnaient le titre de *homo
frugi*, c'est-à-dire d'honnête homme, de
bon ménager, d'excellent citoyen, à celui qui
bornait sa nourriture aux seuls fruits de la
terre (1). En ces temps reculés, on voyait
sur les tables des herbes potagères, des légumes, du pain, quelquefois des volailles,
du poisson, du gibier, rarement des agneaux,
des chevreaux, des cochons de lait, des
veaux ; mais on regardait avec mépris celui
qui recourait au boucher pour sa provision,
et l'on punissait de la peine capitale, celui
qui mangeait la chair de ces animaux, que
Varron (2) qualifiait de compagnons de l'homme des champs, et de ministres de Cérès (3).
Encore aujourd'hui, le laboureur ne tue
point son bœuf ni sa vache, mais il les en-

_____

(1) Cicero, *Tusc.* IV. 16.

(2) *Hic* (bos) *socius hominum in rustico opere et Ce-
reris minister.* Varro, *de Re rustica* II. 5.

(3) Varro, *de Re rustica*, II. 4. Virgil. *Georg.* III.

graisse pour les livrer aux boucheries : il
rougirait d'apaiser sa faim et de tremper ses
mains dans le sang de ses anciens serviteurs.

L'art d'engraisser les animaux est une des
branches les plus productives de l'économie
rurale ; et, sous ce rapport, nous sommes obligés de nous en occuper. Lié aux grands intérêts de la ferme, nous devons en faire ressor-
tir tous les avantages, montrer, comme on
l'a déjà dit (1), qu'il est le *moyen le plus
propre à convertir les fourrages en argent*, et
en même temps celui d'augmenter beaucoup
la valeur des richesses territoriales, et d'arrêter l'exportation annuelle de sommes considérables pour des animaux engraissés en
Suisse, dans la Belgique, en Allemagne, et
pour l'achat des suifs que nous allons chercher dans ce pays, et surtout en Russie.

Nous possédons, sur cet objet, plusieurs
ouvrages fort intéressans, où la science, éclairée par le flambeau de la pratique, apprend
tout ce qui peut intéresser le propriétaire d'a-
nimaux domestiques, et l'éclairer sur les
moyens d'engraissement les plus prompts et
les plus économiques, et la manière de s'as-

____

(1) BAKWELL, célèbre agriculteur, à qui l'Angleterre
doit l'art d'engraisser les animaux.

z surer, par des signes extérieurs, de l'effet qu'il en attend, ou des inconvéniens qui peuvent en résulter. Nous ajouterons aux conseils des savans auteurs de ces traités (1), des faits particuliers, des recherches et des observations personnelles, afin d'offrir ici tout ce qu'il peut être utile de savoir et tout ce qu'il importe d'éviter pour obtenir une réussite complète.

L'embonpoint est le premier pas vers l'en-

____

(1) Mémoire sur le régime auquel on soumet les bœufs qu'on engraisse en Limousin, par DESMARETS, — Il est inséré dans le trimestre d'été 1787 des *Mémoires de la Société d'Agriculture de Paris*, pages 5-11.

Mémoire sur les avantages et l'économie que procurent les racines employées à l'engrais des moutons à l'étable, par CRETTÉ DE PALLUEL; inséré dans le vol. Trim. d'été 1788, *id.* pages 17-25

Mémoire sur l'engrais des animaux dans les départemens voisins des Pyrénées et à Cauterets, par TENON; inséré dans le vol. Trim. d'hiver 1791, *id.* p. 179-186.

Mémoire sur l'engrais des bœufs dans la ci-devant province de Limousin et pays adjacens, par M. JUGE DE SAINT-MARTIN, de Limoges; inséré dans le Trim. d'hiver 1791, *id.* pages 1-27.

Traité de l'engraissement des animaux domestiques, par CHABERT et FROMAGE DE FEUGRÉ; seconde édition, augmentée des méthodes anglaises, par C. P. LASTEYRIE; 1. vol. in-12. de 156 pag. *Paris*, 1807.

graissement : il ne faut pas les confondre.
L'animal qui n'est ni trop gras ni trop maigre est en bon état ; il peut supporter le travail. Dans le grand nombre des propriétaires,
il en est peu qui soient bien convaincus, et de
la nécessité de donner à leurs bestiaux un certain embonpoint convenable , et du danger
de leur en donner par excès ; le luxe ou l'o-
pulence des uns est souvent aussi funeste à
leur prospérité , que l'état misérable des autres. Tandis que l'obésité, ou l'excès d'embonpoint , énerve les premiers , amollit le
corps, multiplie les infirmités et abrège la
vie ; le marasme, ou excès de maigreur, fait
périr les seconds , ou les met hors d'état de
servir et de prospérer. L'animal qui a un embonpoint suffisant est d'un entretien facile ;
il flatte l'œil , mange moins , résiste davantage , et est plus disposé qu'aucun autre à être
engraissé. De cet état florissant , que vous
obtiendrez en nourrissant bien les jeunes animaux qui n'ont point achevé leur croissance,
et en n'exigeant d'eux que des travaux modérés , vous aurez un autre avantage non moins
important , celui de pouvoir croiser les races
avec plus de profit et sans crainte d'une dégé-
nérescence , inévitable dans les races petites

et rabougries : nouvelle preuve , comme nous avons eu plusieurs fois l'occasion de le dire, que la bonne conduite des bestiaux est la base de la richesse privée et de la richesse publique.

Tous les animaux ne sont pas également susceptibles d'être engraissés ; les uns peuvent y être amenés très-facilement , tandis que les autres y perdraient bientôt leurs forces , leur beauté , et même la vie. C'est une erreur de croire que la saignée les y dispose et contribue efficacement à rendre l'engraissement plus aisé : entrons à ce sujet dans des détails nécessaires.

§. Ier. — *Choix à faire dans les individus destinés à l'engraissement.*

Une bonne constitution est la qualité première de l'animal qu'on veut engraisser ; la seconde est la disposition à prendre graisse dans la jeunesse et dans le plus court espace de temps possible , lorsqu'on lui donne une nourriture abondante : la petitesse des os est encore un point essentiel. Les autres signes sont la marche libre , la légèreté , la gaité , le grand appétit, la régularité dans les déjections, la transpiration exhalant une odeur forte , mais douce , la couleur rose-pâle des membranes de la bouche et des naseaux , etc. Les individus maladifs étant exposés à perdre en quelques jours le fruit de plusieurs mois de soins assidus et bien dirigés, les vieux animaux dont la fibre est devenue roide, ceux qui surtout ont travaillé avec excès , ceux dont les organes élaborateurs ont éprouvé des lésions considérables , et qui , par suite , ont des goûts dépravés , prennent mal l'engraissement ; souvent même , il est impossible de les amener à un embonpoint désirable.

L'état de la peau est un guide qu'il est bon aussi de ne point négliger. Une peau fine se dilate toujours facilement , et se prête sans efforts à l'accroissement des parties musculeuses. Ainsi, quand la peau est douce au toucher , c'est un signe certain que l'animal a les dispositions les plus convenables à prendre graisse. Cependant une peau roide n'est pas toujours un obstacle à l'engraissement : on le voit bien par les meilleures races de nos montagnes et celles de l'Écosse.

La taille est indifférente pour juger de la disposition à l'engraissement ; les plus fortes races y sont tout aussi propres que les plus petites : seulement , on a remarqué que ces der-

nières coûtaient moins et donnaient de plus
grands profits.

On doit préférer les jeunes animaux à ceux
d'un âge moyen ; ils profitent aisément et deviennent gras en peu de temps : mais il faut
qu'ils aient pris tout leur développement, qui
est , pour les mammifères , l'époque où les
dents de lait sont remplacées. Avant ce temps,
une partie des alimens donnés pour engraisser
ne servirait qu'à favoriser la croissance. La
chair des femelles , même grasses , est moins
succulente , moins savoureuse que celle des
mâles ; elle est même indigeste : celle des
femelles qui ont été long-temps nourrices est
toujours désagréable et coriace; celle des mâles
déjà formés a un goût sauvage très-marqué :
la meilleure de toutes est celle des animaux
qui ont subi l'opération de la castration à une
époque très-rapprochée de la naissance. Cette
opération les rend aptes à prendre promptement l'engrais. Les individus châtrés tard et
d'une manière incomplète , ceux qui ont été
long-temps étalons , ont la chair dure et coriace ; ils s'engraissent difficilement , moins
bien et avec plus de dépenses.

§ II. — *De l'engraissement dans les herbages.*

Les animaux engraissés dans les herbages ont la graisse et la chair plus délicates, plus savoureuses que ceux qu'on engraisse dans la gêne, dans des logemens sales et mal tenus ; ce qui est plus sensible dans le lapin, le canard, l'oie et le dindon. On croit généralement que le repos est nécessaire pour hâter et assurer l'engraissement ; mais si l'on calculait les suites fâcheuses qu'il entraîne, et les avantages d'un exercice modéré, qui rend la graisse plus parfaite, et maintient l'animal dans l'état de santé, on donnerait la préférence à l'engraissement dans les herbages.

Les animaux que l'on engraisse aux champs doivent être conduits lentement, soit en allant aux pâturages, soit au retour.

Les prairies où il y a des sources de bonne eau, ou qui sont arrosées par des eaux courantes, dont l'herbe est tassée, tendre et très-succulente, sont les meilleures ; elles peuvent être plantées d'arbres, quoique plusieurs auteurs les regardent comme nuisibles. Nous avons, contre l'opinion de ces agronomes, l'exemple des pâturages du pays de Bray, département de la Seine - Inférieure, où l'on élève les belles vaches des départemens du Calvados et de la Manche, et d'où l'on tire les veaux pour les approvisionnemens de Paris. Les pâturages des coteaux où la couche de terre végétale est suffisante, ceux que l'eau de la mer arrose, et qui constituent ce qu'on appelle l'herbe salée, sont de seconde qualité, quoique les plantes y soient fines et savoureuses ; viennent ensuite les herbes des bruyères ou landes, des bois, des bords des chemins, des chaumes, des jachères ou guérets : nous les regarderons comme médiocres, parce qu'elles sont ordinairement trop peu abondantes. Les plus mauvais pâturages sont ceux qui croissent dans les endroits où l'humus est mêlé à trop d'argile, et d'où les eaux s'écoulent difficilement ; l'herbe qu'ils donnent est dure et se digère mal.

Il faut proportionner la qualité des pâturages avec la taille et la force des animaux auxquels on les destine. Les petites espèces et celles d'une taille moyenne conviennent aux prairies de la seconde classe ; les bêtes qui ont plus de volume demandent les pâtures les plus copieuses, et de la meilleure qualité : mais si on les transporte de celles-ci dans de moindres, ou des secondes dans les premières, il faut le faire avec ménagement et précaution, de crainte de retarder l'engraissement, et même de les faire sensiblement dépérir. Le plus sage parti à suivre, c'est de commencer l'engraissement dans les pâturages maigres, et d'amener peu à peu les animaux dans les meilleurs. Lorsqu'on les met tout-à-coup dans des prés où l'herbe est trop abondante, leurs viscères se relâchent, et il ne faut pas d'autre cause pour déterminer le pissement de sang, les indigestions venteuses, etc.

On suit, dans le système de l'engraissement sur les herbages, différentes méthodes. Quelques fermiers sont dans l'usage d'acheter les bestiaux sur les foires d'automne, en octobre ou en novembre; durant l'hiver, ils les maintiennent avec de la paille, ou, ce qui vaut mieux, avec de la paille mêlée d'un peu de foin; dès le commencement de mars, et tout le mois d'avril, ils leur donnent une nourriture plus succulente, des turneps, des pommes de terre, ou autres racines analogues; en mai, ils les conduisent sur les pâturages, et continuent ainsi l'engraissement, qui d'ordinaire est terminé dans le mois d'août, ou dans celui de septembre.

D'autres achètent des bestiaux maigres, et

des plus petites races, mais cependant en bon
état de santé, et les placent dans les pâturages
aussitôt que l'herbe a commencé à pousser.
Ils achèvent l'engraissement en quatre mois,
ou à la fin d'octobre, selon les dispositions
de leurs bêtes.

L'herbager emploie quelquefois une autre
méthode ; il se procure des animaux à différentes époques, en raison de leur taille, et
les met en état pour le mois d'avril ou de mai,
temps où la vente est favorable. Dans ce système,
il entretient les fortes races pendant deux
hivers, et ne les met aux pâturages que durant un seul été. Le premier hiver, ces animaux ne reçoivent qu'une nourriture peu
abondante ; l'été suivant, on les place sur de
bonnes prairies, et on les pousse, le second
hiver, avec les meilleurs fourrages. S'agit-il
d'individus de petite race, on les envoie aux
pâtures pendant l'été ; l'hiver, on les nourrit,
soit à l'étable, soit dans un petit enclos près
de la maison ; et, au printemps, on les conduit sur les prairies, aussitôt que l'herbe leur
offre une nourriture assez abondante. Quand
les étés sont humides, l'herbager économe et
entendu fauche toutes les grosses herbes. Le
jour qu'elles sont coupées, rarement les ani-

maux y touchent : mais le second ou le troisième jour, ils donnent dessus franchement ; ils y retournent dans la journée, quelquefois de préférence à l'herbe : c'est toujours par là qu'ils commencent le matin. Lorsque le bétail a consommé tout ce qui lui appète, on fait ramasser avec le rateau, et l'on emporte tous les restes de dessus le terrain.

Ces différentes méthodes sont utiles selon les circonstances ; elles sont appliquées ici aux bœufs et aux génisses ; là, seulement aux vaches ou aux moutons. Dans les pays à petite culture, en métairies, on se borne à élever des veaux pour les vendre à un an ou dix-huit mois. Le grand point, c'est de ne jamais mettre une trop grande quantité de bestiaux sur un herbage : on en placera plus sur un pâturage très-abondant, que sur un maigre. Quatre-vingt ares (un arpent et demi) suffisent à un bœuf avec un ou deux moutons. On établit avec avantage des petits enclos : les animaux s'y plaisent beaucoup ; ils y trouvent des abris qui les garantissent du froid, et leur assurent une végétation active. Un autre point qu'il ne faut pas oublier, c'est que les lieux élevés engraissent beaucoup mieux dans les

années humides, et les lieux bas dans les années sèches.

§ III. — *De l'engraissement sous les hangars et à l'étable.*

L'engraissement artificiel, appelé *engrais de pouture*, se fait à l'étable, ou sous des hangars; il a ses méthodes particulières, qui sont très-variées : elles méritent toutes d'être connues. Les règles générales sont, 1.º une température un peu chaude et la moins variable possible; 2.º une très-grande propreté : elle doit régner également partout dans l'étable; les fumiers seront exactement enlevés, et la litière faite deux fois par jour, les animaux étrillés et bouchonnés au moins une fois; 3.º une obscurité complète, ou au plus un jour suffisant pour pouvoir se conduire; 4.º un silence presque absolu, rien qui puisse le troubler; 5.º une nourriture adaptée à la nature des individus, et donnée abondamment. En Angleterre, on entoure la tête et le corps des animaux qu'on engraisse à l'étable, de deux, trois et même quatre couvertures de laine, afin de les tenir constamment en moiteur, et pour les empêcher en même temps de voir et d'entendre. En Allemagne, les étables sont disposées de manière à ce que l'animal n'y soit aucunement troublé ; on ménage, en conséquence, une galerie extérieure avec des ouvertures pratiquées vis-à-vis la mangeoire de chaque animal ; c'est par là qu'on lui donne sa nourriture. On n'entre dans l'écurie qu'une fois par jour pour mettre de la nouvelle litière ; on ne laisse sortir l'animal qu'une fois par semaine, une ou deux heures, pour lui faire respirer l'air : pendant ce temps, on enlève les fumiers, on nettoie les auges ou mangeoires, etc. En France, on n'est pas assez scrupuleux sur les soins à donner en pareilles circonstances. Dans quelques contrées, on tient les grands animaux dans des étables trop basses, presque point aérées, et l'on crève les yeux aux petits ; dans d'autres, ils sont tenus d'une manière très-incommode ; on les laisse constamment sur la même litière, sans les nettoyer, ni les faire sortir ; on se contente seulement de superposer des litières nouvelles, et de faciliter l'écoulement des urines. Dans les départemens de la Vendée, de la Creuse, de la Corrèze et de la Haute - Vienne, l'engraissement est mieux entendu. Celui qui est chargé de ce soin se fait d'abord connaître et aimer des animaux qui lui sont confiés ; il les visite souvent, leur parle et les traite avec douceur ; il les caresse souvent d'un air gai, qu'il module, selon la circonstance, sur un ton plus vif ou plus lent ; il étudie attentivement les appétits de chacun d'eux, afin de les satisfaire à temps et d'éloigner tout ce qui pourrait lui déplaire. Chaque animal est tenu très-proprement ; on l'étrille tous les jours ; on le laisse manger peu à la fois, mais on lui donne souvent les substances qu'il appète le mieux. Toujours au guet, le gardien juge à ses mouvemens, à ses regards, s'il est disposé à se lever pour manger ; il le sert alors, en usant de la plus grande propreté dans les apprêts ; il écarte exactement les curieux étrangers, les chiens, les volailles, dont la présence pourrait troubler le fruit de tant de soins, qui redoublent à raison que le terme de l'engraissement est plus voisin. Dans les départemens situés au pied des Pyrénées, cette branche de l'industrie agricole est de même cultivée avec un très-grand soin.

L'engraissement dans les étables est plus avantageux que celui qui se fait sous les hangars ou dans les cours ; il faut prendre beaucoup de précautions, afin que les animaux les plus forts, les plus hardis, ou les plus gour-

mands, ne repoussent pas les plus faibles et les e'
empêchent de prendre une portion égale d'a--
limens, et, par suite, d'arriver à temps au r
degré de graisse voulu. On pare à cet incon--
vénient en formant, avec des pieux, un nom--
bre de divisions égal à celui des têtes d'ani--
maux. La liberté qu'on leur laisse nuit encore
à la régularité de leurs repas; ils mangent
d'une manière moins uniforme, et n'arri--
vent que plus lentement au point convenable.

On ne peut fixer la quantité de substances
nécessaires à l'engraissement; elle est très--
considérable. On commence le régime par
des nourritures rafraîchissantes et relâchantes,
par des fourrages verts, qui donnent plus de
chair que de graisse; on passe ensuite aux
alimens plus nutritifs, et l'on finit par des
fourrages secs et des farineux, qui empâtent
et donnent plus de graisse que de chair. L'engraissement, quelle que soit la nature de l'individu, est principalement dû à une certaine
activité du système animal, provoquée par
des alimens succulens, et portée à un point
qui occasionne une faiblesse indirecte : état
qui, sans doute, produit le plus sûrement
la disposition au repos et au sommeil, et qui

est le plus favorable à l'accumulation des matières adipeuses dans le tissu cellulaire.

De cette observation, il suit que l'engraissement est susceptible d'être accéléré ou re-
tardé, suivant le choix des alimens et la manière de les administrer. La plus légère dis-
traction peut éloigner du but, surtout lorsqu'on fait usage des alimens secs. Quand on
mêle à des parties d'alimens secs d'autres alimens consistant en substances humides, il
est nécessaire, afin d'accélérer l'engraissement,
de combiner la distribution d'après le tempérament des animaux, de sorte que l'effet
relâchant des uns soit modifié par les propriétés resserrantes des autres, et que l'équilibre soit constamment maintenu.

Examinons avec attention chacune des substances destinées à faire partie de la nourriture
des animaux que l'on engraisse à l'étable ou
sous des hangars : l'objet est important. Ces
substances sont les fourrages verts, les racines,
les fourrages secs, les grains, les légumes
cuits, les plantes oléagineuses, leurs marcs ou
tourteaux.

Les fourrages verts se composent des feuilles
d'orme, de chêne, de peuplier, de vigne, de
maïs, de vesces, surtout des choux cavaliers et

à mille têtes, des navets et des grosses raves; la
luzerne, le trèfle, le seigle, l'orge, et l'avoine
en vert, que l'on coupe douze heures d'a-
vance, qu'on éparpille dans les granges, sous
des appentis, de peur qu'ils ne s'échauffent.

Les racines telles que les betteraves, les
navets, les topinambours, les raves, que l'on
coupe par tranches, pour les donner crues
ou cuites : les racines cuites à la vapeur de
l'eau bouillante sont plus efficaces ; il faut
rejeter toutes celles qui seraient pourries ou
gelées.

Le foin doit être de très-bonne qualité,
qu'il soit ou non la base de l'engraissement :
certains nourrisseurs le mouillent quand ils
veulent pousser vite les bestiaux. La paille
sera aussi de choix ; dans quelques cantons,
on la hache ; dans d'autres, on la remplace
par des feuilles d'arbres, préparées comme
nous l'avons dit en traitant de la nourriture,
ou bien par les tiges herbacées de l'ajonc ou
genêt épineux qu'on écrase avec soin.

Les grains qui servent à l'engrais de pouture, sont le sarrasin, le maïs, l'avoine,
l'orge, le seigle, la graine de lin, le son de
seigle et de froment bouilli, les pois, les
petites fèves, les féverolles, etc., crevés. Les

grains , grossièrement moulus , se délayent dans l'eau : on en fait aussi des boules de pâte.

Les châtaignes cuites et leur eau sont un très-bon aliment : on donne quelquefois la faîne et le gland ; mais ce dernier est d'un meilleur effet quand il est germé. Le marron d'Inde est très-aimé des bestiaux ; mais il faut qu'il ait perdu son amertume par des lavages à l'eau courante, ou , mieux encore, qu'il ait passé à la lessive.

Les marcs de bierre , de graines de lin , de colza , de navette , de chénevis , de noix et d'amandes réduits en pains ou tourteaux dont on a exprimé l'huile , se donnent par petites portions.

On peut mêler le vert avec le sec ; mais il vaut mieux donner alternativement les alimens de ces deux classes , leur effet est plus marqué. Les repas sont distribués de manière à laisser entr'eux un intervalle régulier de quatre heures ; en commençant de cinq à six heures du matin et en finissant à huit ou neuf heures du soir, on administre quatre rations par jour, proportionnées aux forces digestives de chaque individu. L'excès ou le défaut de nourriture sont deux extrêmes qu'il faut également éviter. Il est facile de s'apercevoir que

la ration est suffisante par l'examen du flanc
gauche ; une fois qu'il commence à se soule-
ver l'animal se couche : c'est le moment où le
bœuf et le mouton se livrent à la rumination.

Deux fois par jour on fait boire quand les
animaux sont nourris en sec ; une seule suffit
quand on leur donne l'eau blanche et des
fourrages verts.

Ces différentes sortes d'alimens n'offrent
pas également les mêmes résultats, nous avons
à ce sujet recueilli quelques observations qu'il
n'est pas hors de propos de consigner ici, pour
mieux éclairer la marche des nourrisseurs.
Les choux et les turneps ou grosses raves n'engraissent pas aussi bien que les carottes, les
panais, les topinambours et les pommes de
terre coupées par tranches, ou ce qui est préférable cuits à la vapeur et mélangés avec de
la paille hachée, ou bien avec quelques join-
tées de son et de grains : ils sont alors plus
agréables aux animaux, et contribuent singulièrement à les pousser vîte à la graisse. Les
navets et les racines de la même qualité doivent
être administrés crus et coupés par tranches ;
cuits ils éprouvent trop de pertes et dévoyent.
Le trèfle, la luzerne, les feuilles de choux et
de navets donnent à la graisse un goût de rance

et une couleur jaunâtre. Le gland et la faîne rendent le lard facile à rancir et à fondre et en même tems difficile à saler, mais ils procurent une chair tendre, succulente, et du meilleur goût. Les grains fournissent plus de suif que lorsqu'ils sont mangés en herbe; le suif obtenu de cette dernière nourriture est plus compacte, mais ordinairement moins blanc. Les pains ou tourteaux rendent la chair huileuse; celui provenant de l'amande du prunier de Briançon (*prunus brigantiaca*) que l'on donne parfois aux bestiaux dans le département des Hautes-Alpes, contient beaucoup d'acide prussique: il cause des effets délétères si prompts, qu'on ne saurait trop recommander d'en proscrire l'usage. La graisse du bœuf et de la vache qui ont mangé du marc de graine de lin est assez bonne, quoique molle; leur chair est moins succulente et moins fine que s'ils eussent été nourris dans des herbages ou avec des grains; le suif du mouton en acquiert des qualités supérieures, mais sa chair est mauvaise; le porc en reçoit un lard mou, de peu de garde et une chair désagréable à manger. La farine de maïs produit le même effet sur le lard, et rend les chairs peu propres aux salaisons. Le suif ferme et blanc, une viande savoureuse sont l'ouvrage d'un engraissement qui n'a pas été précipité et qui a pour base un embonpoint procuré par une bonne nourriture prise de longue main.

L'engrais de pouture commence ordinairement à la fin d'octobre, lorsque les pâturages et les prés, couverts de colchique, n'offrent plus d'herbes; il se continue pendant toute la saison des frimas, jusque vers le commencement de mai. On le termine alors par des alimens excellens et pourvus d'un arome qui se communique à la chair. Quelques nourrisseurs y mêlent à cet effet des baies de genièvre; d'autres y joignent le sel, qu'ils administrent en petite quantité, soit en le dissolvant dans l'eau dont ils aspergent le foin et la paille, soit en l'employant en grains pour saupoudrer les alimens qu'ils offrent aux bœufs, aux vaches, aux moutons, soit enfin en en plaçant un sac près du râtelier pour y être léché. Pour les cochons on met dans les auges des morceaux de fer : ils s'y oxident, la rouille s'en détache et se mêle à la boisson : ce qui produit à-peu-près le même effet que le sel. Il y a encore des personnes qui, dans la même intention, mêlent du vin à l'eau.

Le lait est la base de l'engraissement des

veaux dits de Pontoise ; on le leur fait boire dans des seaux, et même celui de plusieurs vaches. On y ajoute sur la fin des jaunes d'œufs, des pois cuits ou réduits en farine. Aux environs de Rouen, on y mêle du pain à chanter ou hostie; et dans le pays de Caux, on met dans chaque seau gros comme un œuf de chaux vive, dans la vue de faire blanchir la viande qui en devient aussi plus tendre. Un de ces animaux pèse assez ordinairement à trois mois soixante kilogrammes. Les agneaux s'engraissent de même avec le lait de leurs mères et celui des brebis à qui l'on a ôté les petits. Les cochons de lait deviennent gras seulement en tétant leur mère, mais il faut que celle-ci soit abondamment nourrie : c'est une attention qu'il importe d'avoir envers toutes les femelles dont on engraisse les petits au lait.

L'engraissement des veaux au moyen du lait épuise les traites de quatre vaches en été, et de huit en hiver ; il coûte plus que le prix qu'on retire à la vente. On obtiendrait plus d'économie et l'engraissement serait en même temps plus prompt et plus profitable, en laissant téter le veau pendant douze jours seulement et en lui donnant ensuite du lait mêlé avec trois parties de farine de fèves délayées dans deux ou trois litres d'eau tiède. Cette boisson que l'on distribue trois fois par jour, à des doses convenables, est une excellente nourriture et un engrais suffisant pour mettre le veau en état d'être livré à six semaines aux bouchers. La chair des veaux ainsi nourris a un meilleur goût et est bien plus substantielle que celle des veaux nourris simplement au lait.

L'engrais de la volaille s'obtient, en la faisant glaner après la moisson ou pâturer dans les vergers où elle mange les vers et les larves des insectes nuisibles; en lui donnant des orties hachées, des racines cuites, des fruits bien mûrs, des criblures et en l'enfermant dans des cages étroites. La farine d'orge ou le gruau d'avoine pétri avec du lait et du beurre frais, lui donne la graisse la plus fine. Au Mans, on lui crève les yeux d'un coup d'aiguille; ailleurs on lui coud les paupières. Les Grecs qui étaient très-friands de l'oie, l'engraissaient avec du millet trempé; les Romains, devenus esclaves des empereurs et de la sensualité, les nourrissaient de figues sèches arrosées d'eau. Dans les pays où l'on récolte beaucoup de noix, comme dans le département d'Indre-et-Loire, et même dans celui de Vaucluse, on fait avaler aux dindons des noix entières; on n'en donne

qu'une d'abord ; puis on augmente d'une chaque jour jusqu'à ce que l'on soit arrivé à douze.
Le gésier très-musculeux de ce volatile a la
force nécessaire pour broyer un tel aliment.

Dès que le jabot est vide, il faut donner à
manger aux volailles ; cependant la fin de la
digestion a lieu ordinairement à des époques
fixes, et permet de donner à manger à des
heures réglées.

§. IV. — *Signes auxquels on peut reconnaître les progrès de l'engraissement.*

En général le coup d'œil et le toucher diri-
gent le jugement quand il s'agit d'apprécier
les progrès de l'engraissement et d'éclairer la
marche dans les moyens à suivre pour y arriver promptement et avec certitude. En Angleterre on pèse les animaux avant de les mettre au
régime, et lorsqu'ils y sont soumis depuis quelques mois, afin de connaître l'espace de temps
qu'ils exigent encore pour atteindre le dernier
degré de graisse et les changemens qui peuvent être apportés dans la nourriture qu'on leur
donne : cette méthode est moins fautive que la
première. Cependant il est des signes non équivoques pour reconnaître les progrès de l'en-

graissement. La rondeur des formes qui dérobent à l'œil et à la main les saillies musculaires, et rend moins sensibles les éminences
des parties dures ; la pesanteur de l'animal qui
devient chaque jour plus lourd , plus massif,
plus lent ; l'habitude qu'il prend de se tenir
très-souvent couché ; la perte successive de tous
ses sens, enfin l'apathie qui l'amène à une sorte
d'engourdissement, à cet état où il n'existe
plus que pour manger et dormir.

Les marchands de bœufs et les bouchers
jugent du degré de la graisse par ce qu'ils
appellent *les maniemens*, c'est à dire par les
cordons ou pelotons de graisse qui se fixent
autour des glandes lymphatiques les plus su-
perficielles, depuis l'articulation du scapulum
ou paleron avec l'humérus jusqu'à la partie
supérieure du scapulum et en avant. Ces *maniemens* reçoivent différentes dénominations
suivant les endroits où ils se font; en arrière
de l'épaule, dans l'angle formé par le scapulum et l'humérus, on les appelle la *main,* le
nœud du cœur, ou simplement *le cœur;* entre
les membres antérieurs, sous le sternum, *le
dessous de la poitrine;* au pli qui s'étend de
la cuisse, ou mieux, de la rotule au ventre,
l'œillet ou *l'oreillard;* aux deux côtés du scro-

tum, *le dessous*. Si la graisse est sensible sur chaque côté, on reconnaît l'animal *bon de tel ou tel côté*; si elle l'est aux deux plis qui se voient à l'origine de la queue, l'animal est *à point*. Le poil est-il frisé, principalement sur les côtés et sur le dos? une certaine quantité de poils est-elle droite et sort-il dans les intervalles des poils frisés? l'animal est *bon à démarer*.

La quantité et la qualité de la graisse des animaux qu'on nourrit aux pâturages sont relatives à la nature du sol et du climat, et dépendent particulièrement de la constitution atmosphérique durant l'engraissement; de même la quantité et la qualité de la graisse des individus nourris à l'étable résultent du plus ou moins de nourriture, du plus ou moins de temps mis à l'engraissement. Quand l'animal est parfaitement rempli de graisse, on dit qu'il a les *maniemens amples et fermes*; mais s'il a beaucoup de chair et peu de suif ou bien la graisse peu solide, ses *maniemens* sont *mous et soufflés*.

La graisse a un terme qu'il importe de saisir à propos; une fois atteint il faut se hâter de vendre l'animal, parce que dès lors il ne profite plus et les dépenses que l'on fait sont en pure perte.

Le suif d'un bœuf ou d'un mouton, lorsqu'il est bien engraissé, est assez ordinairement le huitième du poids de l'animal vivant; la peau, la tête, les pieds et les entrailles sont estimés le tiers, la chair et les autres parties composent les deux autres tiers. L'axonge et le lard sont plus considérables dans le cochon, la poule, l'oie et surtout le dindon.

§. V. — *Remarque sur les animaux qu'il est dangereux de soumettre à l'engraissement.*

Dans quelques parties de la France, on soumet à l'engraissement des animaux qui ne sont point destinés pour la bouche : c'est une faute grave. Loin de profiter au cheval, à l'âne, au mulet, au chien, etc., l'engraissement les expose à la cachexie, à la gourme, à la fluxion périodique, etc. La surabondance de la graisse comprime les vaisseaux, prive les nerfs de leur élasticité, fait même tomber les muscles dans le racornissement, et ôte à l'animal la plénitude de ses fonctions. Exige-t-on de lui quelque travail? il y est moins dispos et moins propre; il s'essouffle et sue au plus léger mouvement; il se *fraie* aux ars et tombe presqu'aussitôt dans la péripneu-

monie ; les pieds s'engorgent et sont attaqués
de la fourbure, de cette autre affection inflammatoire, que la plus légère négligence
rend très-dangereuse. Les femelles que l'on
pousse inconsidérément à la graisse, sont fort
sujettes à l'avortement, à la stérilité. La
chienne y perd la finesse de l'odorat et de
l'ouïe ; la vache, la chèvre, la bufflesse, la
brebis, cessent de donner du lait ; la poule ne
pond plus, etc., etc.

CHAPITRE XV.

Des Maladies.

LES maladies sont le partage de tous les
êtres ; l'homme, les animaux, les végétaux
eux-mêmes, sont condamnés à payer un funeste tribut à la douleur. Cette situation pénible est l'effet d'une altération dans l'ordre
des fonctions vitales ; elle résulte aussi d'habitudes nées d'une forme vicieuse de société,
et dont la fâcheuse influence s'est étendue
jusqu'aux animaux que l'homme s'est associés.
Ainsi, outre les maladies inséparables de leur

organisation particulière, nous en avons appelé d'autres sur ces pauvres êtres, qu'ils n'auraient point connues dans l'état de nature. Ce n'était pas assez d'affaiblir leurs facultés instinctives, de les exposer à tous les excès de la tyrannie, à la mauvaise foi et à la brutalité des gardiens ou conducteurs, fallait-il encore augmenter la foule de leurs maux, leur créer des infirmités nouvelles?

Plusieurs maladies peuvent se guérir sans remèdes, par le seul effet du repos et des efforts de la nature; mais il en est aussi un grand nombre dont les suites seraient certainement fatales, si l'on n'y apportait de prompts secours. Dans les cas simples, les soins du cultivateur ou du propriétaire de troupeaux peuvent suffire pour amener à la guérison; dans les cas graves, il faut nécessairement recourir à l'artiste vétérinaire; sa présence est indispensable; rien ne peut suppléer à son expérience. Une autre obligation non moins importante, c'est de ne pas attendre, ainsi que cela a lieu presque partout, que la maladie ait fait des progrès, pour commencer à y porter remède : un retard de quelques jours, disons plus, un retard de quelques heures, peut devenir très-préjudiciable ; il n'en faut pas souvent davantage pour aggraver le mal au point d'ôter tout espoir de guérison.

Tâchons de tracer ici la marche à suivre dans l'examen des maladies, afin de forcer les yeux jusqu'aujourd'hui peu ou point exercés à apprécier tout ce qu'il y a d'apercevable dans la lésion des parties et dans le désordre des fonctions, afin de les habituer à découvrir le vice matériel qui entretient cet état, à remonter aux causes qui l'ont produit, et à déduire de cet ensemble de faits, les moyens de prévenir le mal, de l'arrêter et de le guérir radicalement. Ces sortes d'investigations sont de la plus haute importance dans un établissement rural. Mais un premier point, que je regarde comme la base essentielle de toute guérison, c'est de fuir les médicastres et leurs insinuations perfides, c'est de secouer le joug de toute superstition, et de se convaincre que la sécurité dans laquelle nous placent et les préjugés et les amulettes prônées par le charlatanisme, est aussi funeste à nos bestiaux, que peut l'être la contagion elle-même ?

§. Ier. — *Des signes ou symptômes.*

Il est des cas où un organe souffre seul ; dans d'autres circonstances, plusieurs systèmes participent à la lésion qu'un d'entre eux éprouve ; quelquefois deux, trois membranes sont affectées en même temps, et leur souffrance se manifeste par des signes assez semblables pour tromper au premier coup d'œil ; mais en les scrutant avec attention, on s'aperçoit bientôt que l'une des lésions prédomine, que chaque tissu, chaque organe a ses modes particuliers d'altération. Au début de la plupart des maladies, l'affection morbifique, qui n'est pas encore caractérisée, s'annonce par des phénomènes qu'on rencontre dans un grand nombre de cas. Les signes sont donc bornés à une partie, ou bien ils s'étendent à toute l'économie animale, et comme les maladies sont simples ou compliquées, les symptômes sont communs, accessoires ou secondaires, et essentiels ; tous sont également la preuve d'un dérangement dans les phénomènes de la vie, il convient donc de les bien examiner pour s'en rendre un compte fidèle.

Depuis le commencement du mal jusqu'à

sa terminaison, les symptômes ont une marche graduelle, c'est l'effet de l'action des organes qui font des efforts pour revenir à l'état
de santé, ou qui cèdent au torrent qui les en
éloigne pour jamais. Les symptômes sont
toujours plus graves quand il y a prédisposition dans l'animal; mais sont-ils saisis à
temps et les remèdes convenables appliqués
avec promptitude et intelligence, la maladie
cède aussitôt à la main habile qui l'attaque.
Une fois les symptômes dissipés, il reste encore une faiblesse qui subsiste pendant quelque temps, mais qui tend chaque jour vers
un rétablissement parfait. Ainsi, toutes les
affections morbifiques d'une issue heureuse,
ont cinq périodes bien caractérisées, 1°. l'invasion; 2°. les progrès; 3°. l'état ou le plus
haut degré; 4°. le déclin ou la terminaison;
5°. et la convalescence ou le passage plus ou
moins long de la maladie à la santé. Dans
quelques maladies, il y a un période de plus,
c'est la prédisposition. Le second et surtout le
troisième de ces périodes, est accompagné
assez généralement de crises nouvelles, d'é-
vacuations extraordinaires, d'efforts surpre-
nans, qui rendent le plus souvent à la santé,
mais qui déterminent par fois une rechute

ou bien amènent une maladie nouvelle et plus dangereuse. Ces différens degrés sont plus ou moins intenses selon la force, l'âge, le sexe et le tempérament. Quand ils sont très-graves, il faut considérer le rapport et la valeur de l'animal, avec la dépense qu'il peut occasionner en remèdes : il est beaucoup de cas où il vaut mieux tuer la bête que la guérir.

§ II. — *Des causes.*

Les causes des maladies sont très-multipliées. On peut les rapporter à quatre catégories générales. Elles sont *particulières* à l'individu quand elles proviennent d'un vice dans la conformation du corps ou dans le développement des facultés physiques et instinctives de l'animal ; elles sont dites *éloignées*, quand elles agissent pendant long-temps sans produire d'effet apercevable ; on les désigne sous le nom d'*occasionnelles*, quand, parmi les animaux qui sont également soumis à leur influence, il en est sur lesquels cette influence est nulle. Il faut un tact exercé pour les reconnaître ; de là vient que souvent on s'y trompe ; quelquefois l'erreur a sa source dans la dissimulation et la mauvaise foi des gardiens ou conducteurs : alors elle a toujours de graves inconvéniens.

La quatrième catégorie comprend les causes *permanentes*, qui résultent, 1°. de l'inaction trop prolongée ou d'un excès de travail ; 2°. d'alimens mal choisis, couverts de rosée ou de terre, détériorés par la pluie ou la gelée, par un long séjour sur les greniers, récoltés nouvellement, administrés trop abondamment ou bien en quantité insuffisante : 3°. des eaux lourdes, crues, puantes, chargées de graviers, et toute eau stagnante et malsaine données en boissons, en lotions ou en bains, lorsque l'animal est en sueur ; 4°. les intempéries des saisons, telles que les longues et fortes chaleurs, les sécheresses opiniâtres, les froids excessifs, les débordemens, etc. ; 5°. une atmosphère viciée, soit parce qu'on ne fournit pas à la respiration un volume d'air proportionné au nombre des animaux et aux besoins de chaque individu en particulier ; soit parce qu'il y a trop de bêtes réunies dans un même local, que l'on n'y entretient pas assez d'ouvertures, ou qu'on n'a pas soin d'en retirer les fumiers ; soit enfin parce que le sol, les murs des logemens sont pénétrés d'humidité, etc. ; 6° à la présence d'insectes qui tourmentent sans cesse l'animal, ou bien à des plantes vénéneuses avalées dans les pâturages, etc.

§. III. — *Division des maladies.*

Les maladies sont *générales*, quand elles affectent à la fois tout le système organique d'un animal ; *locales*, quand elles sont limitées à telle ou telle partie ; *enzootiques*, quand elles sont particulières à certaines races ; *sporadiques*, quand elles attaquent en différens temps des sujets, tantôt d'une espèce, tantôt d'une autre ; *épizootiques*, quand elles frappent tout à coup et indistinctement, en grand nombre d'individus dans une même contrée ; *contagieuses*, quand elles se propagent d'un individu à un autre, soit par le contact immédiat, soit par des particules subtiles, qui sont transportées à l'aide des vents.

Ces maladies prennent dans chaque espèce un aspect différent ; elles peuvent être modifiées ou singulièrement aggravées par les localités et la situation particulière des individus. Les unes se déclarent au printemps, d'autres en été ; quelques-unes ne se montrent qu'en automne, quelques autres pendant la saison des frimas. Il en est qui attaquent les animaux peu après leur naissance, ou dans la première année de leur vie ; d'autres seulement dans la jeunesse, d'autres enfin quand les animaux sont complétement développés, ou même quand ils sont avancés en âge.

Les maladies enzootiques sont presque toujours bilieuses ; elles tirent leur origine d'un régime vicieux, d'une nourriture ou d'une boisson malsaine, de la stagnation de l'air ou des émanations des gaz délétères, principalement de celles des marais.

Les maladies sporadiques se présentent assez généralement avec des circonstances particulières, et prennent leur origine dans la constitution actuelle de l'atmosphère. Elles cessent d'ordinaire avec le changement de temps.

Les maladies épizootiques, chez qui les fonctions digestives et surtout les lésions des organes paraissent jouer un très-grand rôle, sont dues aux inondations ou aux pluies, qui altèrent la qualité du foin, de la paille et des autres substances alimentaires ; aux sécheresses, qui amènent positivement les mêmes résultats, en sens contraire ; à la multiplication, outre mesure, de certaines plantes nuisibles dans les pâturages ; à l'absence ou à l'altération des eaux servant à abreuver les animaux. Elles attaquent indistinctement les grosses bêtes comme les volatiles de toutes les sortes.

Les maladies contagieuses, dont la funeste propriété est de se communiquer d'un individu affecté à un individu sain, par le moyen du contact médiat ou immédiat, attaquent les sources de la vie avec la rapidité la plu meurtrière. Elles ont leur véhicule dans un levain pestilentiel, qui répand les miasmes délétères, et les alimente avec une désespérante activité.

On ne s'attend certainement pas à me voir entreprendre ici un traité *ex-professo* sur toutes les maladies qui affectent les animaux domestiques ; cette entreprise serait au-dessus de mes forces, et dépasserait les bornes que j'ai dû m'imposer : elle serait d'ailleurs peu utile aux cultivateurs, et insuffisante pour le vétérinaire instruit. J'indiquerai seulement ce que le propriétaire peut faire pour prévenir les maladies et disposer ses animaux affectés aux traitemens que le médecin vétérinaire doit prescrire. L'hygiène qui enseigne à préserver des maladies, ou, en d'autres termes, à conserver la santé, est toujours plus efficace

» que la médecine qui agit par des remèdes :
» c'est celle que l'économe rural doit s'attacher
» à bien connaître.

§. IV. — *Moyens prophylactiques.*

Quand un animal manque d'appétit, quand
il est triste et paraît abattu, ce qu'il faut regarder comme les premiers symptômes d'une
maladie imminente, on doit le séparer de
suite d'avec les autres, pour prévenir les
dangers de la communication ; il faut aussi le
laisser en repos, le nourrir plus délicatement
et moins abondamment. Cette précaution
suffit, dans le plus grand nombre de cas,
pour arrêter le développement du mal, et
rendre la santé à l'individu menacé.

Si la maladie est enzootique, épizootique
ou contagieuse, il est essentiel, après avoir
éloigné soigneusement les animaux sains (1),
de s'occuper aussitôt de la désinfection des
étables, de ne point les mettre dans les mêmes
pâturages, ni les envoyer aux mêmes abreu-
voirs ; en un mot, éviter qu'ils n'approchent
des lieux fréquentés par les animaux infectés,

______

(1) Dans le cas où les logemens manqueraient, il
vaudrait mieux tenir ses animaux sous des hangars,
et même dehors, plutôt que les mettre dans le voisinage
des animaux infectés.

ou qui seulement ont été exposés à l'être. On doit encore avoir bien soin de n'employer à l'usage des animaux sains, aucun des harnais ou autres objets servant aux individus malades; de brûler exactement le fumier qu'on retire des écuries infectées, ainsi que la paille sur laquelle on a abattu les animaux pour les opérer (1); de faire enfouir dans des fosses de trois mètres environ (de huit à neuf pieds) de profondeur, les cadavres des animaux morts, afin que les chiens, les loups et autres bêtes voraces ne puissent enlever la terre qui les recouvre, ou que l'odeur qui s'exhale de ces fosses n'attire les animaux domestiques et ne les infecte (2), comme on l'a vu dans plus d'une épizootie. Avant d'introduire des bêtes nouvelles dans ses écuries, il est prudent de s'assurer qu'il ne règne aucune maladie con-

<hr>

(1) Pour avoir négligé cette précaution, on a vu, dans plusieurs maladies contagieuses, périr toutes les volailles d'une basse-cour.

(2) GILBERT a vu souvent des bœufs s'attrouper sur la fosse d'un bœuf mort de la contagion, flairer la terre et faire retentir l'air de leurs mugissemens. FROMAGE DE FEUGRÉ m'a assuré aussi avoir observé plusieurs faits semblables en France, en Prusse et en Pologne. J'ai moi-même fait plusieurs fois cette remarque en France, en Suisse et en Italie.

tagieuse dans le lieu d'où elles sortent, et que chaque individu est bien portant. On ne doit pas non plus trop légèrement recevoir dans ses étables les passans qui sollicitent un asile momentané (1). Il suffit qu'un seul ait logé dans un lieu infecté, pour communiquer la contagion. Les chiens étrangers sont également très-dangereux en pareille circonstance.

On a cru long-temps pouvoir arrêter dans leur principe les émanations malfaisantes de la demeure des animaux domestiques, en faisant des fumigations de soufre, de plantes aromatiques, de résines, ou bien en brûlant du vinaigre sur une pelle rougie au feu. Loin de purifier les logemens, les fumigations ne font qu'augmenter la masse des parties altérées de l'atmosphère, et leur combustion consommant encore de l'air vital, elles tendent à déterminer une espèce d'asphyxie. Le

---

(1) Lors de l'invasion de notre malheureuse patrie, en 1814 et 1815, années si fatales aux animaux, nous avons vu, dans diverses fermes aux environs de Paris, des chevaux, des vaches, des œufs, etc., être attaqués et périr de la contagion, vingt jours après que des soldats blessés eurent couché dans leurs étables. On a fait la même remarque à Strasbourg, et dans presque tous nos départemens situés à l'est.

vinaigre, en se décomposant, forme du gaz acide carbonique et de l'hydrogène, mêlés d'eau en vapeurs, qui surchargent l'air et le rendent également très-peu convenable à la respiration. D'ailleurs, l'action chimique des fumigations n'attaque point les germes perfides de la contagion dans les fentes et les fissures des crêches et des râteliers, dans les trous des murs, sous le pavé, dans le tissu des étoffes, etc., où ils se tiennent enfoncés, et où ils attendent, pour se développer, quelques circonstances particulières. Un procédé simple, presque point dispendieux et préférable, sous tous les rapports, est celui d'ouvrir des courans d'air partout; si ce moyen est impossible ou insuffisant, on fera bien de mettre en expansion du gaz nitreux (1) ou du gaz muriatique oxigéné (2); on peut aussi

---

(1) Le procédé consiste à mettre dans une capsule, sur un réchaud, deux décagrammes ou six onces de nitrate de potasse (*salpêtre purifié*), réduit en poudre, avec pareille quantité d'acide sulfurique étendu d'eau. D'autres recommandent plus particulièrement les fumigations de GUYTON DE MORVEAU, perfectionnées par DAVY. L'air extérieur leur est préférable, sous tous les rapports : je m'en suis toujours fort bien trouvé.

(2) Ce gaz paraît contrarier un peu les bestiaux; ils s'agitent et toussent souvent; mais à peine a-t-on

placer aux quatre coins du local des baquets
d'eau de chaux, en ayant soin de l'agiter de
temps en temps, ou des branches d'arbres
bien garnies de feuilles fraîches, qu'on renou-
vellera souvent.

Après avoir ôté ainsi les principaux foyers
d'infection, ou au moins d'insalubrité, on
s'occupera des autres moyens non moins essentiels, de s'opposer à la contagion, c'est-à-
dire, 1°. de racler et blanchir ensuite au
lait de chaux les murs, le plafond, les fenêtres dedans et dehors, et particulièrement de
raboter les poteaux, les auges, les râteliers, les
barres, les coffres à avoine, les soupentes, etc.;
2°. de renouveler le sol, en enlevant les terres
qui sont recouvertes d'une couche de mucosité
desséchée, et les débris corrompus, en les
remplaçant par des terres argilleuses, ou
mieux par celle des salpêtriers, en y prati-
quant des égouts pour empêcher les urines d'y
séjourner, en fixant les pavés à chaux et à
ciment, etc.; 3°. de lessiver, échauder ce qui
est en toile, les cordages, les objets en crin;
4°. de racler, laver à l'eau seconde ce qui est

---

donné de l'air à l'étable et dissipé le gaz, qu'ils deviennent gais, ils mangent avec avidité et prennent de
l'embonpoint.

en cuir, et passer ensuite à l'huile grasse tous les cuirs noirs; 5°. de racler, étamer, bronzer, passer au feu de brandons de paille, ce qui est en métal, tels que les boucles des harnais, les anneaux des licols, les cerceaux des baquets, les mors des brides et bridons; 6°. de brûler ce qui est usé ou de peu de valeur, comme les manches des étrilles, les brosses, les éponges, les cordes, les toiles des panneaux de selles, les basanes et culerons. Tous les coins balayés avec le soin le plus minutieux, le sol excavé, les murs grattés, les auges, etc., rabottés, on répand à plusieurs reprises de l'eau bouillante; on y plonge tous les tissus, meubles et ustensiles; alors rien ne résiste, et l'on peut se flatter d'avoir atteint tous les corpuscules délétères fixes.

L'inutilité des remèdes dans la répression des grandes contagions, a été démontrée en plus d'une circonstance, et si, dans l'innombrable multitude de substances médicamenteuses de toute espèce, que l'on a tour à tour administrées aux animaux frappés par l'épizootie, il en est quelques-uns qui aient paru réussir par fois, et aient par conséquent inspiré une perfide confiance, il n'est pas moins vrai de dire que le seul remède à employer, c'est d'étouffer le fléau au moment même de son apparition, et de ne rien négliger des mesures que nous venons d'indiquer pour en empêcher le retour.

Les personnes occupées à soigner les animaux malades, doivent se vêtir d'un ample surtout de toile, qui se charge de la contagion moins que la laine; elles le laveront de temps en temps, et s'imposeront l'obligation de ne point communiquer avec les animaux sains.

Quant au début d'une maladie, il y a diathèse inflammatoire, les tisannes apéritives et diurétiques (1), des lavemens émolliens, des bains de vapeurs sous le nez et sous le ventre, conviennent dans le principe. Quelquefois la saignée est nécessaire, mais il ne faut point y recourir sans l'avis du médecin vétérinaire. L'eau blanche acidulée fait aussi grand bien, de même que l'émétique, porté jusqu'à

____

(1) On met toujours un peu de sel de nitre dans ces sortes de boissons; mais si l'irritation est prononcée, on y ajoute des feuilles de laitue ou autre adoucissant, quelquefois même, selon l'occurrence, des feuilles ou des têtes de pavots; mais on ne doit le faire qu'avec beaucoup de circonspection : l'emploi des narcotiques est toujours dangereux, quand il n'est point dirigé par une main expérimentée.

la dose de quinze grammes ou demi-once.

Lorsque la maladie vient de la fatigue, de
la malpropreté, de la disette ou de la mauvaise qualité des alimens, il faut avoir l'attention de faire cesser la cause première du
mal, parce qu'elle ne manquerait pas de pré-
judicier à l'efficacité des agens curatifs, que
les indications rendraient nécessaires.

Tout propriétaire attentif se méfiera des
effets du son qui est entièrement dépouillé de
farine, qui ne blanchit même pas l'eau dans
laquelle on le jette, et qui ressemble à de la
sciure de bois; en cet état, il relâche d'une manière sensible, il est inattaquable par les sucs
digestifs, nourrit peu, et même pas du tout.

Destinés à réparer les pertes que l'exercice
de la vie occasionne dans le sang et les humeurs, les alimens doivent être de bonne
qualité, donnés en quantité suffisante et va-
riés à propos. Quand ils ne peuvent satisfaire
au besoin, toutes les parties du corps éprouvent une détérioration d'autant plus prompte
et profonde, que la privation est de longue
durée; s'ils sont d'une mauvaise qualité, trop
anciens, altérés, ou dans un état de fermentation susceptible de développer des principes
malfaisans, de dénaturer les élémens nour-

riciers qu'ils renferment, le dépérissement de tout le système est imminent; les humeurs et les organes ne tardent pas à prendre une complexion vicieuse, qui expose les animaux à différentes maladies, plus ou moins graves.

Pendant les longues et fortes chaleurs, les sécheresses opiniâtres, les bestiaux sont d'abord dans un état d'excitation qui les affaiblit singulièrement, et les sueurs abondantes viennent bientôt, surtout chez les ruminans, dont la fibre est en général plus molle et les tissus moins serrés, les plonger dans la langueur, dans une prostration telle, qu'insensibles à la voix, à la main et même au fouet, ils refusent de se relever, de faire le moindre mouvement; quelques-uns même se dégoûtent de manger; d'autres sont attaqués d'ophthalmies, ou sujets à des flaxions périodiques, à des maladies aiguës, dont la marche est fort rapide. On peut combattre la débilité et maintenir les fonctions de la vie dans l'état nécessaire à leur libre accomplissement, c'est en recourant à un régime convenable, établi sur les amers et les préparations ferrugineuses; c'est d'éviter aussi toute excitation vive, de ne produire qu'une action lente, graduée et soutenue, jusqu'à ce que les forces permettent

de les relever et de leur rendre toute leur énergie première.

Si l'on aperçoit dans ses troupeaux le germe
de maladies vermineuses et putrides, il faut les
mettre à l'usage de l'acide sulfurique. Pris
dans la boisson, plusieurs jours de suite, et
surtout au commencement de l'été, cet acide
bienfaisant détruit la fatale prédisposition ; il
rend toute l'économie animale à la plénitude
de ses fonctions, et purifie en même temps
le sang et les humeurs. En 1714, lors de la
terrible épizootie qui ravagea la ci-devant
Bourgogne, on a remarqué, dans les lieux
où les vins sont de la plus mauvaise qualité,
que le vin aigre avait plu singulièrement aux
animaux échappés à la contagion ; ce fut la
dernière nourriture qu'ils quittèrent, c'était
aussi la première qu'ils avaient prise.

L'usage des boissons aiguisées par l'acide
sulfurique, est un moyen de combattre la
formation de l'égagropile ou gobbe dans l'estomac des animaux domestiques, mais plus
particulièrement des ruminans. Ces pelottes
sphériques, formées des poils avalés par l'a-
nimal qui se lèche souvent ou qui lèche d'autres bêtes, portent le trouble dans les organes
destinés à la digestion, amènent la prostration

des forces, plongent tout l'individu dans un état de stupidité complète, et mettent un terme à l'existence, lorsque l'inflammation est générale et sans remède. Administré à l'apparition des premiers symptômes, l'acide sulfurique agit sur la masse du poil avalé, en décompose la substance, et finit par le réduire en mucilage coulant, dont l'animal se débarrasse alors sans effort.

Le desséchement des marécages, la multiplication des grands végétaux, les saignées ouvertes dans les prairies basses et humides, une culture bien entendue, sont les moyens les plus puissans de donner, d'assurer la salubrité constante d'un territoire. De même un logement sain, tenu toujours propre et bien aéré, une nourriture convenable, un exercice modéré, et le pansement de la main, sont de très-bons préservatifs contre l'invasion, la durée et la propagation de toute sorte de maladies. Ainsi donc, la santé des animaux domestiques sera à peu près inaltérable, si le cultivateur veut suivre, avec une scrupuleuse attention, les conseils que nous lui avons donnés jusqu'ici dans cet ouvrage.

CHAPITRE XVI.

De la Mort.

La marche de la nature est simple, comme la loi qui la régit ; ses moyens sont uniformes, constans, invariables et communs à toutes ses productions ; elle les soumet également toutes, depuis la matière inerte jusques à l'être le plus parfait, à un cours régulier, dont les trois principales époques sont la naissance, l'accroissement et la mort. L'individu n'est qu'un instrument ; l'objet essentiel de la nature, c'est la conservation des masses ; aussi a-t-elle donné les soins les plus attentifs à l'appareil des organes de la génération ; elle a imprimé aux deux sexes un penchant irrésistible qui les approche sans cesse, et de ce besoin elle a fait la plus grande des jouissances. Mais à bien considérer les choses, quel est à nos yeux le motif raisonnable de cette succession d'êtres qui naissent et meurent, et dont l'existence se conserve par la mort, par la décomposition des êtres que les

siècles dévorent, que la terre engloutit sans
cesse? Pourquoi ce vaste, ce sublime mé a-
nisme de création, si la vie, si la sensibilité
qui la constitue, si les sentimens qui l'embellissent, si les tendres unions qui la per pé-
tuent doivent aboutir à la mort? Si, comme
la physique et la chimie nous le révèlent
chaque jour, rien ne périt véritablement, si
les objets ne font que changer de formes,
pourquoi la substance déliée qui nous fait
sentir et penser, n'est-elle pas également
bonne, également juste dans tous les êtres?
Pourquoi ne jouit-elle pas des mêmes facultés
dans l'enfance et la vieillesse, comme dans
l'âge mûr? Pourquoi est-e le douée de propriétés si différentes chez l'homme et chez les
autres animaux, chez le singe, pourvu comme
nous de la main, à laquelle des philosophes
attribuent une grande partie de notre éton-
nante intelligence, et le serin qui a la faculté
d'articuler des mots, de répéter des phrases?
Un voile profondément obscur nous dérobe
ces mystères, nous prive du doux espoir,
formé par l'âme sensible, d'une sage combinaison qui rapprochera de nouveau deux êtres
faits l'un pour l'autre, qui se sont véritablement aimés, et qui, par leur étroite union,

étaient le plus bel ornement de cette terre de
douleurs.

Rarement les animaux domestiques atteignent au dernier terme de la vie par la voie
naturelle. Voués pour la plupart à servir de
pâture à l'homme, il n'y a que le cheval,
l'âne, le chien et le chat qui puissent espérer
approcher de la vieillesse : encore ont-ils à
craindre, en y atteignant, le fouet impi-
toyable du cocher de fiacre, ou la massue du
bourreau. Hors les temps de grandes calamités
publiques, où la faim oblige de recourir aux
objets jusque-là dédaignés, nous ne connais-
sons que les Usbecks et quelques peuplades
de la Tartarie, qui mangent le cheval : les
Sardes s'accommodent aussi fort bien de sa
chair quand il est jeune; les Chinois engraissent des troupeaux de chiens pour les manger;
c'est le mets par excellence des Iroquois : l'on
prétend même que la chair de l'ânon et celle
du chat se mangent dans les guinguettes des
grandes villes, où elles sont données pour du
veau ou du lapin.

Ces viandes peuvent être servies sans aucun
danger; mais il n'en est pas de même de la
chair des animaux morts de maladie. L'hygiène publique doit s'y opposer. Des faits

nombreux attestent les conséquences funestes
que peut avoir l'usage de tels alimens pour
la santé des hommes et pour celle des animaux. En 1764, il régna parmi les vaches
une fièvre muqueuse compliquée d'apthes ;
toutes les personnes qui burent de leur lait
ou mangèrent du beurre préparé avec ce lait,
furent affectées de la même maladie : on a
fait la même remarque en 1804, en 1809 et
en 1811, aux environs de Lyon, sur des individus qui prirent du lait de vaches et de
chèvres attaquées du charbon, ou seulement
placées dans le foyer de la contagion. La chair
d'animaux infectés ne perd point, après la
cuisson, et préparée avec des sauces et des
épices, les particules malignes qu'elle contient,
puisqu'on l'a vu causer des diarrhées et des
dyssenteries dangereuses, et dans certains endroits des fièvres ardentes, des coliques né-
phrétiques dites de *miserere*, qui emportaient
très-promptement les personnes qui en étaient
frappées. Lors de la fameuse épizootie de 1770,
on s'est assuré que non-seulement les peaux,
le lait et la chair, mais encore le suif et le
sang, entraînèrent la perte d'un très-grand
nombre de familles. C'est à des cuirs apportés
de la Zélande Hollandaise à Bayonne, qu'on

a attribué la maladie charbonneuse qui dévasta nos contrées méridionales en 1774 et 1775, et laissa partout de longs et cruels souvenirs. Il serait aisé de multiplier les exemples, mais il nous suffira sans doute de recommander la proscription absolue de la chair, du lait, etc., lorsqu'il y a suspicion sur la cause de la mort d'un animal. Une substance alimentaire altérée, quand même elle ne pourrait donner lieu à aucun dérangement dans la santé, ne fournirait jamais les élémens d'un bon chyle : elle est lourde, indigeste, et comme telle, impropre à une bonne nutrition. La cupidité des bouchers et de quelques nourrisseurs ne se fait aucun scrupule à ce sujet : c'est aux magistrats à veiller strictement, surtout dans les temps de maladies contagieuses ou épidémiques, à ce que les alimens soient toujours très-sains, et à sévir contre quiconque débite du lait, du beurre ou de la chair d'animaux malades ou morts de maladies épizootiques. Je n'ignore pas que les opinions sont très-partagées à ce sujet, et qu'il est même des médecins qui vont jusqu'à dire que l'homme n'a aucune aptitude à contracter les maladies des animaux, quand il en mange la chair, la graisse, le beurre, ou qu'il en boit le lait ; mais quand on n'aurait qu'un seul fait à articuler contre cette assertion, plus que hasardée , je n'en persisterais pas moins à soutenir qu'il est sage de ne négliger aucune des précautions propres à prévenir les dangers de la communication. La chair d'un animal malade est fade ; elle donne un bouillon douceâtre, faible et peu appétissant; en un mot , toute espèce de maladie détériore le principe extractif, aromatique, colorant, savoureux, connu sous le nom d'*osmazône*.

Les profits que l'agriculture retire des animaux domestiques , ne sont pas limités à la durée de leur vie ; ceux qu'ils lui offrent après ne sont pas moins considérables. La chair, les peaux , les poils ou soies, les cornes, les os, les boyaux, les nerfs , les graisses et les gélatines, forment autant de branches de commerce propres à fournir la subsistance publique et à alimenter nos manufactures. Rien de ce qui appartient à ces animaux ne reste sans un emploi utile ; les résidus même sont recherchés comme fournissant un excellent engrais.

On est en usage de transporter dans des lieux plus ou moins écartés des routes et de toute habitation, les corps des animaux morts de maladies ou abattus; mais outre que ces lieux, appelés *voiries*, ne sont point tenus aussi soigneusement qu'on pourrait le désirer, ils sont encore bien loin d'être placés d'une manière convenable. Tels qu'ils existent aujourd'hui, on peut les regarder comme un foyer d'insalubrité et de contagion. Les voiries devraient être établies sur un terrain voisin d'une eau courante ou d'une forêt, clos de murailles ou tout au moins de larges fossés adossés, dont la crête serait couverte d'une double haie épineuse, planté de grands arbres, et disposé de manière à contenir les ateliers où l'on doit enlever les peaux, séparer les graisses et les fondre, retirer le sel ammoniaque des os et même des chairs desséchées, préparer le terreau, etc. Il serait bon aussi qu'elles fussent divisées en deux parties; l'une pour les débris d'animaux morts non suspects, l'autre pour ceux d'animaux morts de maladies contagieuses. Dans cette seconde partie, distante de la première de cinq à six cents mètres, ou deux cents toises, les bêtes seraient enfouies entières dans des trous profonds au moins de trois mètres, où l'on jetterait beaucoup de chaux, après avoir tailladé les peaux et les cornes. C'est, comme nous venons de le dire, à ce manque de précautions que l'on doit la plupart des grandes épidémies qui, s'étendant des animaux aux hommes, portent partout la ruine et la mort.

Rien ne révolte plus, rien n'accuse davantage l'administration communale, que l'aspect d'une voirie, que la rencontre du cadavre d'un animal délaissé dans un fossé, près d'une route, au voisinage des habitations. La santé publique réclame contre ce scandale. On élève des monumens somptueux, on décore les cités, on ouvre de larges canaux, et l'on néglige ce qui tient le plus à la salubrité ! Nous avons éloigné les cimetières de nos demeures, il nous reste à nous occuper des voiries : cet objet est de la plus haute importance; il intéresse toutes les classes de la société, et doit faire partie d'une bonne police rurale.

CHAPITRE XVII ET DERNIER.

Conclusions.

IL s'en faut de beaucoup que, malgré l'exemple de quelques propriétaires zélés et les pressantes exhortations des écrivains agronomiques, on ait encore, sur les divers points de la France, calculé toutes les chances favorables qu'assurent les nouvelles méthodes pour l'administration des domaines ruraux ; il s'en faut de beaucoup que l'on soit généralement persuadé de la facilité avec laquelle on peut augmenter ses revenus, quadrupler la population des animaux domestiques, ainsi que les moyens de subsistance publique, sans augmenter aucunement les frais de nourriture et d'entretien, et sans se priver des bénéfices, qui doivent toujours être la récompense des travaux faits avec soin et soutenus avec constance. Cependant, loin d'être un paradoxe, cette possibilité, qui est un fait positif à nos yeux, a été l'objet principal de notre travail sur les bestiaux, dont dépend la prospérité de la ferme. Nous n'avons rien négligé dans la proportion de nos moyens, malheureusement beaucoup trop inférieurs à nos bonnes intentions, pour rendre cette vérité palpable à tous, pour l'appuyer de l'autorité des bons exemples, de faits puisés dans les meilleurs écrits, dans la pratique des cultivateurs éclairés, et dans notre propre expérience.

Après avoir exposé les motifs, le but et le

plan de cet ouvrage (Chap. Ier.); nous avons
abordé les questions les plus importantes pour
le cultivateur qui veut réunir autour de lui
des bestiaux, et nous lui avons montré les
connaissances préliminaires qu'il lui faut
pour bien choisir chaque espèce d'animal
(Chap. II.), et les dispositions à donner aux
bâtimens qu'il leur destine, d'après l'étude
des localités dans l'acception la plus étendue
de cette expression (Chap. III.). De là, passant au régime, nous avons examiné quelles
doivent être la nature, la qualité et la quantité
de leurs alimens, comment il importe de les
approprier selon l'âge, la force, la situation
physique et le nombre des individus, suivant
la température des saisons, la disposition des
lieux, les méthodes de culture et l'étendue
des propriétés; nous avons dit comment le
sel doit être administré aux animaux, et la
manière de les faire boire; les plantes qui les
appètent le plus, et celles qu'il convient le
mieux de cultiver quand on veut bien nourrir ses bêtes, obtenir de bons fumiers et
faire des récoltes abondantes (Chap. IV.).

Les bases premières de l'éducation des animaux, sont l'attention qu'on doit apporter
dans le choix des agens de la ferme, les soins

les plus attentifs qu'exige l'administration et
la douceur qu'il faut toujours avoir dans la conduite à tenir à l'égard des uns et des autres.
Pour éclairer la marche du cultivateur, nous
avons en conséquence tracé les qualités qu'il
doit chercher dans un gardien, et les devoirs
qu'il faut lui imposer ; indiqué les habitudes
à donner aux animaux (Chap. V.); les exercices
journaliers que leur santé réclame, les travaux
auxquels ils peuvent raisonnablement être
appelés (Chap. VI.), et l'époque à choisir
pour chausser les pieds de ceux qui en sont
susceptibles (Chap. VII.).

Nous jetons ensuite un coup-d'œil rapide
sur les causes malheureusement trop fré-
quentes de la dégénération (Chap. VIII.), et
nous faisons voir comment on peut les prévenir, comment on devrait les combattre, et
lorsqu'on est parvenu au véritable point de
l'amélioration, comment il faut conserver
(Chap. IX.), et la manière la plus profitable
de procéder aux croisemens des races (Chap. X).
Entrant alors dans tous les détails relatifs à la
reproduction, depuis l'instant de l'accouplement jusqu'à celui du part (Chap. XI.), nous
arrivons naturellement à traiter de l'allaitement et du sevrage des petits (Chap. XII.),

du temps où l'on peut les soumettre à la castration, et la manière de faire cette cruelle
opération (Chap. XIII.).

Toutes ces connaissances une fois dévelop-
pées, il nous restait, 1°. à fournir les données
les plus avantageuses pour l'engraissement des
individus qu'on destine à la consommation
(Chap. XIV.) ; 2°. à montrer ce qu'il est essentiellement utile de faire pour maintenir la
santé parmi les animaux, bien connaître
leurs maladies au moment de l'explosion, et
les moyens à employer pour les attaquer jusques à l'arrivée du médecin vétérinaire
(Chap. XV.); 3°. à déterminer l'emploi des
viandes et du lait des animaux malades, de
la viande et de la dépouille des animaux
morts, et la tenue régulière des voieries, con-
sidérées comme foyer de contagion, comme
laboratoire pour certains produits chimiques,
comme asile de la mort (Chap. XVI.).

En réduisant donc cette première partie
de notre travail à sa plus simple expression,
nous croyons avoir offert à tout homme qui
opère avec réflexion, et jaloux de tirer parti
de son temps et de ses avances, les principes
les plus certains de l'art d multiplier les
bestiaux, d'enrichir le domaine de l'agricul-

ture, et d'attacher, par les liens les plus sacrés, ses enfans au sol qui les a vu naître, à la noble profession qui les rend les premiers citoyens de l'État, les bienfaiteurs de l'humanité.

Mes faibles efforts ne sont rien, mais s'ils peuvent amener à une meilleure administration des terres, mais s'ils peuvent contribuer à alléger le poids de l'esclavage pour les animaux, et fixer d'une manière irrévocable le bonheur dans les familles rurales, ma tâche est remplie, ma récompense est complète.

FIN DE LA PREMIÈRE PARTIE ET DU PREMIER
VOLUME.

TABLE

DES CHAPITRES

CONTENUS EN CE PREMIER VOLUME.

Avant-propos...........................

PREMIÈRE PARTIE.

Chapitre premier. — Considérations générales sur les animaux domestiques..... . 1

Chap. II. — Du choix à faire dans leurs différentes espèces.................... 8

Chap. III. — De l'habitation qui leur convient............................ 13

Chap. IV. — Du régime auquel on doit les soumettre........................ 25

Section première. — Des substances alimentaires................... 29

Des grains...................... 30

Des fourrages.................... 31

Des céréales...................... 32

De l'hivernage................... 33

Des racines...................... 34

De la paille..................... 36

PARAGRAPHE PREMIER. — Appropriation des alimens......... 40

§. II. — Substances alimentaires
simples.................... 42

Nourriture sèche............ *Ib.*

Passage de la nourriture sèche
à la nourriture verte........ 54

Nourriture verte............. 59

Retour à la nourriture sèche. 72

§. III. — Mélanges ou substances
alimentaires composées.... 73

§. IV. — Du muriate de soude ou
gros sel.................. 79

§. V. — Des boissons........ 85

SECTION II. — Du lieu propre à la nourriture...................... 91

§. Ier. — De la nourriture hors de
l'étable................... 92

§. II. — De la nourriture à l'étable. 100

§. III. — Moyen de nourrir une grande quantité de bestiaux avec le produit d'un terrain très-limité 108

SECTION III. — Plantes propres à l'établissement d'une prairie........ 120

Tableau de ces plantes et de leurs qualités 122

CHAP. V. — De l'éducation proprement dite. 142

§ 1er. — Qualités et devoirs d'un gardien................. 157

§. II. — Habitudes à donner aux animaux................. 163

CHAP. VI. — Exercices et travaux......... 181

CHAP. VII. — De la ferrure.... 190

CHAP. VIII. — Causes de la dégénération dans les animaux................. 196

CHAP. IX. — De l'amélioration et conservation des espèces 201

CHAP. X. — Du croisement des races....... 216

CHAP. XI. — De l'accouplement.......... 226

§. 1er. — De la monte.......... 235

§. II. — De la conception........ 238

§. III. — De la gestation........ 240

§. IV. — De l'avortement........ 245

§. V. — Du part............. 250

Chap. XII. — Soins à donner aux petits..... 260

Chap. XIII. — De la castration........... 273

Chap. XIV. — De l'engraissement......... 289

§. Ir. — Choix à faire dans les individus destinés à l'engraissement................. 295

§. II. — De l'engraissement dans les herbages............. 298

§. III. De l'engraissement sous des hangars et à l'étable........ 303

§. IV. — Signes auxquels on peut reconnaître les progrès de l'engraissement.......... 315

§. V. — Remarque sur les animaux qu'il est dangereux de soumettre à l'engraissement.... 318

Chap. XV. — Des maladies............. 319

§. Ier. — Des signes ou symptômes. 322

§. II. — Des causes............. 324

§. III. — Division des maladies... 326

§. IV. — Moyens prophylactiques. 329

) CHAP. XVI. — De la mort........ 340

) CHAP. XVII *et dernier*. — Conclusions..... 347

FIN DE LA TABLE DU PREMIER VOLUME